AF609676

V
168

LES

LOIS PHYSIQUES

DANS

LA GRAVITATION ASTRALE

THÉORIE DES FLUIDES

> Rien n'est dû au hasard dans l'univers; aucun mouvement ne peut se produire sans une loi physique pour origine, car il n'y a pas d'effet sans cause.

PARIS

IMPRIMERIE E. CAPIOMONT ET V. RENAULT

6, RUE DES POITEVINS, 6

—

1877

LES

LOIS PHYSIQUES

DANS

LA GRAVITATION ASTRALE

LES

LOIS PHYSIQUES

DANS

LA GRAVITATION ASTRALE

THÉORIE DES FLUIDES

> Rien n'est dû au hasard dans l'univers; aucun mouvement ne peut se produire sans une loi physique pour origine, car il n'y a pas d'effet sans cause.

PARIS

IMPRIMERIE E. CAPIOMONT ET V. RENAULT

6, RUE DES POITEVINS, 6

1877

PRÉFACE

De temps immémorial, les hommes ont pris un vif intérêt à ces phénomènes grandioses qui se passent sous leurs yeux dans l'immensité de l'espace et ont cherché à en découvrir les lois. La conquête s'en est faite pas à pas à travers les siècles ; mais bien que Képler, Copernic et Newton aient apporté dans l'étude des mouvements célestes une telle lumière, que les calculs astronomiques ont acquis la précision absolue des mathématiques, cependant les lois de la gravitation sont si mystérieuses, que le dernier mot n'a pas été dit, et l'édifice attend encore son couronnement. C'est que si les mouvements ont pu être connus exactement, il n'en est pas de même de leur origine et de leurs causes compliquées. Or, il serait puéril de se le dissimuler : les théories pèchent en astronomie et renferment de graves erreurs dans l'explication des phénomènes; mais il n'en pouvait être autrement tant que n'avait pas été trouvé le deuxième facteur qui, avec l'attraction universelle, enfante la force motrice nécessaire à la gravitation des astres.

Le lecteur sera fort surpris d'entendre parler d'erreurs graves dans une théorie qui lui a toujours été présentée comme le plus bel édifice élevé par le génie humain ; nous-même l'avions longtemps pensé ainsi, à cause de l'exactitude des calculs obtenus. Étudiant un jour quelques particularités bizarres qui nous avaient frappé dans un phénomène, nous étions loin de prévoir jusqu'où nous conduirait cette étude ; mais nous avions suivi, sans nous en douter, le commencement d'une piste qui nous amena peu à peu sur un terrain inexploré où la solution d'un problème en faisait entrevoir un second plus compliqué. Sur un horizon sans fin, les phénomènes s'enchaînaient les uns aux autres avec une telle logique, que nous dûmes nous rendre à l'évidence, et constater qu'il existait des lois encore inconnues dans le mécanisme céleste, et que la théorie astronomique était établie sur une erreur énorme en attribuant la gravitation à un facteur unique. Il est vrai que le deuxième facteur était caché sous un voile si épais, que nous rencontrâmes des difficultés incroyables et dûmes renoncer plus d'une fois à l'espoir de résoudre le problème. Cependant, à force de persévérance, nous avons enfin trouvé le secret des lois mystérieuses qui amènent la translation des astres, lois si extraordinaires, que nous n'aurions jamais espéré y faire ajouter foi, si elles n'étaient appuyées sur les preuves mathématiques les plus irrécusables.

Nous venons donc présenter au lecteur une théorie complète où les effets les plus bizarres de l'électricité jouent un rôle considérable. La translation des globes célestes est due non à une impulsion primitive dont nous démontrerons l'impossibilité, mais à des forces mécaniques sans cesse en activité, à une puissance motrice enfantée par les grands agents physiques de la nature : le *Calorique* pour les planètes et l'*Électro-magnétisme* pour les satellites.

La *Théorie des fluides* trouve sa confirmation dans l'explication très-précise de tous les mouvements, quels qu'ils soient ; les preuves qui en résultent sont si nombreuses et éclairées d'une lumière si vive, que l'esprit le plus prévenu ne peut manquer d'en être impressionné et forcé de se rendre à l'évidence.

E. D.

M......, le 30 avril 1877.

LES LOIS PHYSIQUES

DANS LA GRAVITATION ASTRALE

THÉORIE DES FLUIDES

PREMIÈRE PARTIE

ACTION DU CALORIQUE — GRAVITATION DES PLANÈTES

I

PÉNÉTRATION DU CALORIQUE SOLAIRE DANS LE SEIN DES PLANÈTES.

Échauffement et refroidissement. Force vive.

Les recherches auxquelles nous nous sommes livré nous ont donné la conviction que la force motrice à laquelle un astre doit sa gravitation se trouve dans celui même qui l'influence.

Les découvertes les plus récentes de la science s'accordent à faire considérer le calorique comme l'essence du mouvement; par suite d'une mystérieuse transformation de la force qui remplit l'univers, le calorique engendre le mouvement et le communique à d'autres corps, et réciproquement le mouvement fait naître le calorique.

Que voyons-nous dans l'espace? Un globe immense doué d'une vertu calorifique incommensurable, laquelle, selon les lois incontestables de la physique, représente une force prodigieuse transmissible par le véhicule de l'éther; chaleur et mouvement étant synonymes, quoi d'étonnant à ce que les planètes circulent sans cesse autour de l'astre central qui leur envoie ses rayons lumineux?

Remarquons, en outre, une loi importante sur laquelle nous ne saurions trop appeler l'attention: la marche des planètes augmente de vitesse à mesure qu'elles se rapprochent du soleil, et se ralentit, au contraire, aussitôt qu'elles s'en éloignent; autrement dit, le calorique acquiert plus ou moins de puissance sur les astres qui sont sous sa dépendance selon leur distance plus ou moins rapprochée, et la rapidité des mouvements est en rapport intime avec la quantité de chaleur absorbée, phénomène qui donne lieu à un équilibre instable, et forme la base même de la gravitation.

Tel est donc le spectacle que l'observation nous présente, et s'accorde avec les propriétés connues des vibrations lumineuses transmises par l'éther, mais elle ne suffit pas; il nous faut tâcher de découvrir le moyen employé par le soleil pour communiquer sa chaleur aux planètes, et les faire obéir avec une rapidité telle que le moindre rapprochement ou éloignement se traduit par une variation de la vitesse de marche.

Le procédé existe ; seulement pour arriver à le connaître, il nous faut secouer certains préjugés avec lesquels nous avons été nourris, et que nous sommes habitués à considérer comme des vérités indiscutables. Parmi ces préjugés il en est un qui attribue à la chaleur centrale une durée limitée; elle est, dit-on, un état de la planète destiné à disparaître peu à peu, mais d'une manière tellement lente qu'une diminution n'est pas appréciable au bout d'une série de siècles.

Suivant notre conviction, il y a là une erreur. Le globe a dû passer, il est vrai, à l'origine des temps, de l'état gazeux à l'état liquide, et une mince partie de son écorce s'est même consolidée par le refroidissement; c'était inévitable, mais l'effet s'est arrêté là, et ne peut plus augmenter, car la chaleur centrale est constamment entretenue par la pénétration des rayons solaires, en vertu d'un phénomène que nous expliquerons. Si la planète pouvait se refroidir tant soit peu dans ses entrailles, qu'en résulterait-il? Un simple rapprochement de l'astre vers le soleil qui lui rendrait alors sa chaleur, et le chasserait de nouveau dans l'espace. Or, n'est-ce pas ce qui a lieu effectivement chaque année quand la terre va au périhélie et est rejetée ensuite à l'aphélie, l'échauffement ayant succédé au refroidissement? Donc la chaleur centrale ne peut plus décroître. Ne voyons-nous pas les comètes se condenser rapidement lorsqu'elles ont quitté le voisinage du soleil, et leur noyau se réduire en vapeurs quand elles vont au périhélie?

Les lois les plus élémentaires de la physique nous enseignent que, par le rapprochement ou l'éloignement, l'action du calorique se fait sentir en raison inverse du carré des distances, sur tous corps soumis à son rayonnement, et il est extraordinaire que, dans la gravitation, nous ne tenions aucun compte de la température croissante ou décroissante que doit éprouver notre globe selon les différentes positions occupées par lui dans son orbite, au périhélie et à l'aphélie! Une loi aussi fondamentale ne peut être méconnue, si nous voulons apprendre le secret des forces de la nature.

Ainsi nous pouvons déjà nous rendre compte

d'un phénomène qui cependant n'a jamais été mis en doute par les plus grands physiciens, Newton ayant lui-même calculé la chaleur inouïe que subirait la terre si elle arrivait à une certaine distance du soleil. Or, ce qui se fait en grand se reproduit naturellement en petit, et nous ne saurions alléguer la permanence d'une température invariable, puisque la distance entre les deux astres varie continuellement. Si la terre venait à tomber vers son centre d'attraction, elle ne pourrait, arrivée à proximité de l'immense fournaise, supporter la chaleur incalculable qui la réduirait bientôt en vapeurs. Le pouvoir rayonnant étant exactement semblable au pouvoir absorbant, le globe subirait un refroidissement analogue, si, au lieu de se porter vers le soleil, il le quittait pour pénétrer dans les espaces glacées. C'est donc ce phénomène, mais sur une faible échelle, qui se manifeste, aux deux points extrêmes de l'orbite, le périhélie et l'aphélie ; l'excentricité de l'ellipse, étant peu prononcée, nous prouve que la température totale de la planète conserve un certain état d'équilibre qui se dérange dans une légère mesure,

Expliquons maintenant le mécanisme qui permet au soleil de faire obéir ses planètes avec une précision extraordinaire.

La rapidité relative avec laquelle, dans leurs circonvolutions, les planètes se réchauffent et se refroidissent alternativement provient de la densité croissante de leurs couches profondes, de la superficie au centre, et de la concentration des rayons solaires qui résulte nécessairement de cette disposition, car suivant les lois physiques, les rayons se réfractent en passant d'un milieu dans un autre plus dense.

Quand nous considérons la chaleur modérée envoyée par le soleil à la superficie de la terre, et que nous réfléchissons à l'immense épaisseur qui sépare la surface du point central, il nous est difficile d'admettre que le calorique puisse jamais parvenir dans les profondeurs; mais, il faut l'avouer, les erreurs que nous commettons proviennent toujours de ce que, dans les phénomènes grandioses de la nature, nous n'apprécions pas assez la différence qui existe entre les choses apparentes et les choses réelles.

Pourquoi, sur les hautes montagnes, la température de l'air est-elle si basse, tandis qu'elle est relativement élevée au fond des vallées? C'est que, pour parvenir dans celles-ci, les rayons solaires ont traversé des couches atmosphériques plus denses qui s'échauffent plus facilement par la réfraction progressive des rayons, qui subissent ainsi un commencement de concentration comme au sortir d'une lentille.

Nous pouvons juger par là de ce qui se passe à l'intérieur du globe. La matière *étant conductrice*, le calorique s'infiltre incessamment de la superficie au centre, et la concentration des rayons commencée dans l'atmosphère se continue dans le sein de la planète, puisque les couches profondes de plus en plus denses, rassemblent progressivement sur eux-mêmes les rayons qui convergent ainsi vers un point unique, et y transmettent une force incalculable.

Comme la réaction est toujours égale à l'action dans la marche du calorique à travers une substance, le phénomène est inverse lorsque, au lieu d'un échauffement, il y a refroidissement. Les rayons qui s'accumulaient en se concentrant vers le centre terrestre, quand l'astre se rapprochait du soleil, divergent en rétrogradant vers la surface, si la planète s'éloigne du globe lumineux, du périhélie à l'aphélie; aussi les régions centrales, qui avaient emmagasiné le calorique resserré sur lui-même, le reperdent très-facilement lorsque le rayonnement succède à l'absorption.

Les lois physiques nous expliquent parfaitement

le fait; non-seulement il y a divergence des rayons, mais les couches denses cherchent à se débarrasser avec énergie de leur excès de calorique au profit des couches dilatées, et celles-ci, de leur côté, soutirent violemment la chaleur centrale pour compenser la perte éprouvée par le refroidissement et la dissiper dans l'espace. Le même effet se produit si l'on comprime ou dilate un corps : l'air, par exemple; plus resserré, l'air chasse son calorique sur les objets voisins; raréfié, au contraire, il l'absorbe et le soutire aux corps environnants avec la même force que les régions superficielles du globe sur la partie centrale.

Ainsi le rayonnement fait perdre beaucoup de chaleur à la planète; sans cette circonstance le calorique accumulé dans l'astre ne trouverait pas d'issue, et celui-ci ne pourrait y résister.

Les propriétés convergentes et divergentes des lentilles sont un fait physique basé sur les mêmes lois qui régissent le globe, et la densité de la matière est en rapport intime avec ces lois, car un milieu est d'autant plus réfringent qu'il est plus dense. Si l'on dispose différents corps hétérogènes dans un ordre de densité croissante, les rayons qui traversent obliquement ces diverses substances tendent à dévier de plus en plus en passant d'un milieu dans un autre, et se rapprochent de la ligne normale de manière à converger progressivement, ou, au contraire, à diverger, si l'ordre est inverse. C'est par un semblable effet de réfraction que les astres nous paraissent relevés au-dessus de l'horizon, les couches de l'atmosphère augmentant de densité à mesure qu'elles sont plus voisines du sol.

Les actions et réactions du calorique, de la surface au centre, et de celui-ci à la surface à travers des couches de densité croissante qui se cèdent l'une à l'autre le fluide vibratoire avec énergie, nous expliquent pourquoi la chaleur augmente facilement dans le sein d'un astre au périhélie et y diminue rapidement à l'aphélie ; aux deux points extrêmes de l'orbite, l'équilibre normal, ou degré de saturation nécessaire à la planète, est momentanément dérangé et se traduit par des vitesses différentes.

Nous avons à répondre à une objection qui pourrait être faite : « La température reste invariable à une profondeur de vingt mètres environ. » Si la température est constante à ce niveau, c'est parce que, à cette faible profondeur, les rayons n'ont pas encore pu se resserrer sur eux-mêmes et n'ont que la force minime de la superficie. Une différence ne peut donc commencer à être constatée que s'il y a concentration des rayons, mais l'effet n'en devient sensible qu'à une certaine profondeur.

Une erreur que nous commettons souvent dans l'appréciation des phénomènes, c'est de rapporter tout à l'impression de nos sens ; ainsi nous appelons chaleur la sensation que nous fait éprouver un certain degré de température, et sous l'abri des vingt mètres de terre qui nous séparent du soleil, il nous semble que celui-ci n'a plus d'action sur nous, parce que nous ne sentons plus sa chaleur ; cependant la matière est éminemment conductrice du calorique, et bien que nos sens ne nous en rendent pas compte, les rayons solaires ont pénétré sous forme de calorique latent dans les profondeurs du sol, mais le thermomètre ne nous le révélera que si nous descendons davantage, car alors le calorique, se concentrant sur lui-même, acquiert une force progressive.

Pour nier ce phénomène, il faudrait prétendre que la matière n'est pas conductrice et est absolument impénétrable au calorique, puisque la terre se trouve depuis l'origine des temps en présence du soleil, auprès duquel notre planète est un atome, et doit nécessairement être imprégnée de ses rayons, qui, obligés de converger, lui communiquent une force vive prodigieuse.

Deux actions se produisent : l'une superficielle, l'autre profonde. L'action superficielle est due à la rotation diurne ; chaque jour la terre reçoit une certaine quantité de chaleur solaire, mais une partie du calorique ne peut pénétrer plus loin que la surface, car il rétrograde en l'absence du soleil et se perd par le rayonnement nocturne.

Quant à l'action profonde, elle est tout à fait indépendante de la rotation diurne ; la terre, qu'elle pivote ou non, reste continuellement sous l'influence du soleil, et absorbe ses rayons, comme tout corps matériel soumis à une source de chaleur. De l'aphélie au périhélie, la chaleur augmente progressivement dans son sein ; en un mot, elle absorbe plus qu'elle ne perd par le rayonnement nocturne. Du périhélie à l'aphélie, c'est le contraire : elle perd par le refroidissement des nuits plus qu'elle ne reçoit du soleil pendant le jour.

Le rapide changement qu'éprouve le noyau d'une comète réduit à néant toute objection qui pourrait être élevée contre la conductibilité du calorique dans les régions centrales.

II

GRAVITATION DES PLANÈTES.

Chaleurs spécifiques.

Comme nous l'avons vu, le calorique est l'essence même du mouvement qui se transmet d'un corps à l'autre au moyen des vibrations de l'éther; par conséquent une planète, sous l'influence solaire, ne peut pas plus rester en repos que l'eau sous l'action du feu dans une chaudière, où cette eau circule sans cesse avant de se changer en vapeur; l'astre, attiré et repoussé tour à tour, est soumis à un mouvement de va-et-vient; il est obligé de se mouvoir et de décrire une orbite, puisqu'il ne peut s'éloigner définitivement à cause de l'attraction universelle; le va-et-vient se change en une ellipse et la force motrice solaire agit sur lui comme la main sur une balle retenue par un fil, et lui communique le mouvement et la force centrifuge.

Ces actions attractive et répulsive proviennent de la chaleur intrinsèque acquise par la planète; trop réchauffée, elle s'éloigne du point central avec une rapidité décroissante; trop refroidie, elle s'en rapproche, au contraire, avec la vitesse accélérée du corps qui tombe; de manière qu'elle est toujours dans un état d'équilibre instable et oscille d'une extrémité à l'autre de son grand axe.

Les comètes nous donnent une image plus frappante encore des attraction et répulsion solaires. Ces astres sont chassés au loin dans l'espace quand ils ont été saturés de chaleur à leur passage au périhélie, et reviennent lentement, puis de plus en plus vite, lorsque, la chaleur disparue dans les espaces glacés, ils n'obéissent plus qu'à la pesanteur.

A l'action succède une réaction proportionnelle, dont l'alternance forme la base des lois de Képler et explique l'intensité de la pesanteur en raison inverse du carré des distances; elle est la conséquence de la conservation de l'énergie, c'est-à-dire que la force dépensée pour la projection d'un corps est restituée dans la chute *par sa vitesse accélérée*, de même qu'une pierre lancée verticalement frappe le sol en retombant avec une vigueur égale à celle que le bras lui avait communiquée. L'attraction ramène à son point de départ l'astre qui avait été lancé dans l'espace avec une force proportionnelle à l'éloignement qu'elle lui a permis d'atteindre; cette force épuisée, il revient avec une vitesse accélérée au point même d'où il est parti.

Ainsi, quand nous parlons de la conservation de l'énergie, nous ne devons pas tomber dans l'erreur de l'ancienne théorie au sujet de la vitesse angulaire ; cette erreur ne se serait pas produite si l'on avait réfléchi qu'une force *restituée* par un mobile dans sa chute est *le contraire d'une force acquise ;* une force restituée n'est pas une force vive et ne peut permettre à un astre de recommencer son trajet dans l'espace ; il revient simplement à son point de départ quand l'énergie de projection est épuisée et il ne s'éloignera de nouveau que si la puissance motrice vient l'influencer de rechef. La pierre qui retombe sur le sol, y reste et ne peut, en vertu de la vitesse accélérée de sa chute, recommencer le trajet qu'elle a déjà fait, à moins que le bras ne la lance une seconde fois dans l'espace comme le soleil le fait pour ses planètes.

Une planète ou une comète tombe donc réellement quand sa chaleur intrinsèque n'est plus suffisante pour la maintenir, et elle arriverait avec une vitesse accélérée sur le soleil même, si celui-ci ne lui communiquait une chaleur nouvelle qui se borne d'abord, par sa force répulsive, à l'écarter de la ligne droite qu'elle suivrait naturellement pour gagner le centre attirant, puis le calorique augmentant toujours dans le sein de l'astre, celui-ci finit par être repoussé et chassé dans l'espace avec une force considérable.

Les attraction et répulsion se succèdent régulièrement selon le plus ou moins de chaleur communiquée à la planète. L'expérience physique des miroirs conjugués nous explique parfaitement le phénomène ; à l'un des foyers, des charbons incandescents vont enflammer, par les rayons réfléchis deux fois, un morceau d'amadou placé au foyer opposé ; si l'on substitue de la glace aux charbons, et un thermomètre à l'amadou, ce thermomètre baisse d'une manière sensible ; ainsi dans l'une et l'autre expériences, les rayons font exactement les mêmes angles d'incidence et de réflexion, seulement le phénomène est inverse ; à l'une, il y a *émission*, et à l'autre *absorption*.

L'orbite d'une planète comprend également deux foyers ; à l'un se produit un échauffement, et à l'autre un refroidissement. Au périhélie il y a accroissement de chaleur et de force vive, et par conséquent de vitesse, et une force centrifuge plus énergique fait éloigner l'astre du soleil ; à l'aphélie se manifeste l'action contraire ; tout y diminue, chaleur, force vive, vitesse et force centrifuge, et la planète moins soutenue cède davantage à l'attraction et se rapproche de la source de vie pour s'y retremper de nouveau et prendre de nouvelles forces. En voyant le jeu des actions attractive et répulsive qui dominent à tour de rôle et se combattent mutuellement, on comprend l'impossibilité d'une chute.

Considérons ce que deviendrait une planète si, cédant à l'attraction, elle venait à tomber vers le soleil ; cette image nous donnera une idée de ce qui a dû se passer à l'origine des temps, soit que l'astre ait été dans le principe une comète dont l'excentricité de l'orbe a diminué progressivement, soit qu'il provienne d'une nébuleuse, formation du système solaire. A une certaine distance du globe de feu, tous les éléments de la planète se changeraient en vapeurs immenses (comme nous le voyons encore pour les comètes), mais le calorique communiquerait à ces matières gazeuses une vitesse et une force centrifuge qui les rejetteraient dans l'espace bien loin du point où la chaleur leur permettait de se maintenir à l'état de vapeurs. Alors, par l'effet du refroidissement, il se produirait un changement radical ; de l'état gazeux, la planète passerait à l'état liquide (les éléments doués de la plus faible capacité calorifique se condensant les premiers et formant ainsi le noyau central), et si l'orbe n'a pas conservé la grande excentricité cométaire, c'est sous forme d'une boule liquéfiée que l'astre circulerait définitivement autour du soleil.

Ainsi la position d'une planète est déterminée par son état de liquéfaction, la force centrifuge l'empêchant de se rapprocher assez pour revenir à l'état gazeux et la chassant à l'aphélie aussitôt que la température augmente dans son sein, mais par contre la ramenant au périhélie dès que la chaleur y diminue.

Remarquons en passant que ce n'est pas par une simple coïncidence, que la liquéfaction, point d'équilibre dans la matière entre les forces attractive et répulsive (solidification et vaporisation des molécules), est également l'état normal d'une planète, c'est-à-dire le point d'équilibre entre les attraction et répulsion solaires qui la font osciller, en produisant l'excentricité de l'orbite. Tout se tient dans la nature, et une loi générale régit aussi bien l'élément infime que le globe immense qui circule majestueusement dans les cieux.

Malgré leur liquéfaction, la distance du soleil ne peut être la même pour les planètes, parce qu'aucune d'elles n'a une densité semblable à celle de ses compagnes. Or, nous savons que tel corps se met en fusion ou en vapeur à tel nombre de degrés, tandis qu'il faudra à un autre corps un nombre de degrés très-différent du premier. Chaque planète possède donc sa chaleur spécifique propre, de même que chaque substance matérielle a sa capacité calorifique ; une loi grandiose régit les astres qui se distancent suivant leur densité et leur affinité pour le calorique (l'un des deux attributs est en raison inverse de l'autre); ceux qui absorbent le plus facilement les rayons lumineux et en reçoivent la plus forte quantité, s'éloignent davantage du soleil ; en un mot, la place qu'ils occupent est celle où ils peuvent se maintenir à l'état de globes liquides sous l'action du calorique combinée avec la force centrifuge. Il existe un degré de saturation nécessaire à la planète. Ce degré et la distance déterminent la vitesse moyenne de translation, dont l'harmonie fait bien voir que le hasard n'a pas produit un tel arrangement, mais qu'il résulte des lois inhérentes à la matière elle-même. Une formule simple, celle des chaleurs spécifiques, relie ainsi l'astronomie à la physique et à la chimie.

Le mouvement imprimé aux planètes étant dû à l'impulsion du calorique, la direction de marche pourrait aussi bien se faire d'Orient en Occident, que d'Occident en Orient, mais il est hors de doute que le sens est déterminé par la rotation du soleil lui-même sur son axe ; cependant les comètes à ellipse très-allongée ne restent pas assez longtemps en présence de l'astre lumineux pour que leur direction subisse l'influence de son pivotement ; le calorique seul les régit, car elles sont tout aussi bien rétrogrades que directes.

Quant à la cause de la rotation du soleil et de sa translation dans l'espace, nous touchons là à un mystère impénétrable de la nature ; nous pouvons dire seulement que le calorique étant synonyme de mouvement, le soleil ne saurait se soustraire à la loi générale puisqu'il est la source propre du calorique ; en conséquence, il ne pourra garder lui-même le repos, tant qu'il conservera son éclat. Peut-être aussi tous les astres réagissent-ils les uns sur les autres, et tournent-ils autour de centres inconnus !

III

ROTATION DIURNE.

Conductibilité inégale du calorique.

Toutes les observations faites avec soin dans l'étude de la nature nous font voir qu'en dehors du calorique aucun mouvement ne peut se produire. (Nous ne ferons pas même d'exception pour l'électricité dont le développement se relie intimement à la manière d'agir du calorique.) Si la puissance solaire n'avait pas pour cause immédiate la marche des astres, il existerait donc dans la nature un mouvement unique de son espèce qui ne dériverait pas du calorique ! Cela est impossible.

La rotation diurne est également un mouvement qui a son origine dans le calorique solaire, et en effet le pivotement sur l'axe est non seulement indispensable pour l'égale distribution de la chaleur, mais il a dû se produire de lui-même à un moment donné. Supposons une planète privée de la rotation diurne, la température serait excessive sur un hémisphère, et le refroidissement extrême sur l'autre, ce qui amènerait une rupture de l'équilibre ; les rayons solaires, sur une face, plongeant éternellement vers le centre, et sur l'autre face le refroidissement étant incessant, les matières en fusion du sous-sol tendraient, d'une part à se vaporiser, et de l'autre à se solidifier. De là, un équilibre rompu et un dérangement du centre de gravité, les substances lourdes se portant du côté du point d'attraction. La rotation s'est donc faite pour rétablir l'équilibre dérangé, et chaque jour se continue en vertu des mêmes causes, par attraction solaire sur la face refroidie, et répulsion sur la face échauffée.

Pourquoi les planètes n'ont-elles pas la même vitesse de rotation ? Nous ne pouvons répondre à cette question qu'en tenant compte des conditions intrinsèques de ces astres ; leur grosseur a peut-être une certaine influence, mais nous serons plus dans le vrai en attribuant la différence de vitesse à la vertu conductrice de chaque globe pour le calorique, et à la rapidité de sa propagation, car plus vite un équilibre se dérange, plus vite aussi il se rétablit, et cette promptitude de la rupture et du rétablissement de l'équilibre étant en rapport intime avec la vitesse de marche du calorique vers le centre de l'astre, on comprend que les planètes tournent dans des intervalles de temps inégaux mais proportionnels à leur vertu conductrice des rayons solaires, soit par réception, soit par rayonnement.

Le mouvement de rotation se fait d'Occident en Orient, comme celui de la translation annuelle ; une loi générale semble en avoir déterminé le sens, mais il pourrait cependant y être dérogé sans préjudice à la rotation elle-même, puisqu'elle provient de la différence de température entre les deux hémisphères. Une ligne droite joint les centres des deux astres, et chaque point de la superficie arrivant de la partie obscure, s'avance vers cette ligne droite parce qu'étant au-dessous de la saturation indispensable, il est attiré vers le soleil; mais la ligne franchie, il s'est saturé de calorique et s'éloigne repoussé. Nous aurons l'image de ces phénomènes d'attraction et répulsion en observant ce qui se passe dans l'ébullition de l'eau d'une chaudière; les molécules chaudes s'éloignent du foyer et sont immédiatement remplacées par les molécules froides qui suivent une marche inverse ; de là un mouvement circulatoire continuel qui nous représente la rotation d'une planète sous l'influence du calorique solaire.

IV

INCLINAISON DE L'AXE SUR L'ÉCLIPTIQUE.

Pénétration inégale du calorique. Importance du phénomène comme origine de l'électricité terrestre.

Après avoir constaté que la rotation diurne avait incontestablement son origine dans le calorique solaire, nous pouvons être surpris de voir l'axe de la terre incliné sur l'écliptique bien que le soleil soit sur ce plan.

Réfléchissons que tout globe suspendu dans l'espace a pour point d'appui unique les forces auxquelles il est soumis, et prend naturellement son centre de gravité d'après la manière dont agissent sur lui ces forces. Soyons surtout persuadés qu'il n'existe pas de phénomène qui n'ait une cause ; rien n'est dû au hasard, mot qui serait synonyme de désordre. La terre obéit donc à une puissance spéciale en inclinant son axe.

La force qui régit notre planète étant uniquement le calorique solaire, c'est sous son influence que les pôles font avec l'écliptique un angle de 66° 1/2 environ; nous allons donner la raison du phénomène.

Faisons une hypothèse, et supposons que dans le principe la terre tenait son axe perpendiculairement à l'écliptique, et obéissait ainsi d'une manière plus logique à la puissance solaire; supposons encore que, pour une cause quelconque dont nous chercherons l'origine tout à l'heure, les rayons lumineux avaient plus de facilité de pénétration dans l'hémisphère boréal que dans l'hémisphère austral; si, disons-nous, plus de calorique pénétrait dans une partie que dans l'autre, évidemment le centre de gravité devrait se déranger par suite de la convergence des rayons dans les profondeurs. Il fut peut-être une époque où l'axe de rotation pouvait se déplacer, mais depuis l'aplatissement des pôles et le renflement de l'équateur, les points polaires par où passe l'axe de rotation ont dû rester immuables; cependant si celui-ci n'a pu changer de place, en revanche un mouvement de bascule s'est produit, afin de rétablir l'équilibre rompu dans le sein de la planète, dont l'extrémité australe se présenta au soleil, tandis que l'extrémité boréale resta dès lors plongée dans les ténèbres.

Mais la nouvelle position ne pouvait être conservée indéfiniment, car si la partie septentrionale du globe laissait pénétrer trop facilement le calorique solaire, par contre elle devait perdre la chaleur acquise antérieurement avec la même rapidité pendant son séjour dans l'obscurité et se refroidir plus vite que ne l'aurait fait toute autre portion de l'astre, la réaction étant toujours égale à l'action, *le pouvoir rayonnant au pouvoir absorbant.* D'après cette loi physique, un grand refroidissement central en était la conséquence dans l'hémisphère boréal, et un mouvement de bascule en sens inverse du précédent, de la même valeur et de la même durée, était inévitable de manière à rétablir encore une fois l'équilibre dérangé de nouveau, et à ramener vers le soleil le pôle boréal trop refroidi jusqu'à ce qu'un échauffement trop intense l'en chasse encore une fois. La planète subissait donc la nécessité de faire osciller son axe tantôt d'un côté, tantôt de l'autre de la ligne verticale, mais la nature se sert toujours du moyen le plus plus simple pour arriver à son but, et la terre parvient à éviter un balancement insolite en tenant son axe de rotation parallèle à lui-même, c'est-à-dire tourné vers le même point du ciel pendant sa révolution; de cette manière, l'hémisphère boréal se rapproche et s'éloigne alternativement du soleil, absolument comme si le mouvement de bascule que nous avons supposé avait lieu effectivement. Quant à la position primitive, elle ne peut revenir, car les mêmes causes ramèneraient les mêmes effets, ces causes étant l'inégale pénétration du calorique solaire dans les deux hémisphères boréal et austral.

D'après ce que nous avons pu juger (et il ne saurait exister d'autre origine au phénomène), l'inégale absorption de la chaleur tient à ce que la surface du globe n'est pas homogène, et se compose de deux éléments dissemblables : les mers et les continents, qui ne sont pas répartis en proportion égale sur les deux hémisphères ; les terres sont situées en majorité vers le nord et les océans vers le sud ; or, la composition de la surface d'un corps joue en physique un grand rôle pour la pénétration et la réflexion des rayons ; la superficie de notre planète contient pour les deux tiers un élément : l'eau, qui est douée d'une *grande capacité calorifique,* et en même temps d'une *très-faible conductibilité* pour la chaleur. Ces propriétés de l'élément liquide expliquent parfaitement l'inégale pénétration du calorique sur le pourtour de la planète; les mers laissent entrer difficilement dans l'intérieur les rayons dont elles retiennent une bonne partie de la chaleur; le contraire a lieu sur la face septentrionale où sont les continents qui, permettant un passage plus facile au calorique, font que l'hémisphère boréal est toujours ou trop réchauffé, ou trop refroidi relativement à l'hémisphère austral, ce qui dérange constamment le centre de gravité.

Ainsi les mers sont réellement un obstacle à la conductibilité du calorique solaire dans le sein du globe, tant en raison de leur étendue qu'à cause de leur profondeur; les eaux font l'office d'un manteau qui protége la planète contre l'entrée d'une trop grande quantité de chaleur, et également contre la sortie du calorique central.

Dans cette hypothèse que nous verrons *confirmée par d'autres phénomènes*, l'inclinaison de l'axe d'une planète résulte de la disposition de ses océans plus ou moins bien rassemblés sur un même hémisphère, et de leur profondeur. Vénus, qui possède des montagnes excessivement élevées, doit avoir, par contre, des mers très-profondes, et leur arrangement force cet astre magnifique à tenir son axe très-incliné.

Nous appelons l'attention des géologues sur la

cause de l'inclinaison de l'axe, qui, plus ou moins prononcée et variable selon les grands bouleversements de la croûte terrestre et la disposition des eaux, peut donner l'explication de bien des phénomènes incompréhensibles, tels que la période glaciaire et les courants d'érosion, alors que notre planète, plus inclinée, était soumise à des hivers épouvantables, source de glaciers immenses comme ceux des pôles, et ensuite à des étés excessivement chauds qui amenaient la fonte rapide de ces glaciers, et engendraient ainsi des courants effrayants. Il est aussi remarquable que la direction des stries et sillons s'est faite en général du nord au sud, tant en Europe qu'en Amérique; cette direction s'expliquerait par une inclinaison plus prononcée du pôle sur l'écliptique et la fonte complète des glaciers polaires dans les chaleurs de l'été.

Les dislocations de l'écorce qui ont produit la grande catastrophe des Alpes principales, et postérieurement celle du bourrelet montagneux de l'Asie orientale, et celle des Andes, qui probablement a fait surgir des eaux une partie du continent américain, sont peu de chose à côté des bouleversements sous-marins dont nous ne pouvons avoir connaissance. Or, ce ne sont pas les continents, mais l'épaisseur plus ou moins grande de la couche liquide sur certains points où elle a dû varier, qu'il faut considérer comme cause déterminante de l'inclinaison de l'axe, car cette épaisseur est un élément d'une importance décisive en ce qu'il présente plus ou moins d'obstacle à la pénétration des rayons solaires dans l'intérieur du globe.

Il y a donc là tout un ordre de phénomènes à étudier; l'hypothèse est d'autant plus rationnelle que nous voyons d'autres planètes très-penchées sur l'écliptique, comme a pu l'être la terre dans les temps antédiluviens à diverses époques marquées par la création des glaciers. Sans doute la chaleur centrale, à l'origine des temps, alors que la planète ayant passé de l'état gazeux à l'état liquide, n'avait encore qu'une faible écorce, devait avoir une influence considérable sur la température de la superficie, mais il s'est passé une série de siècles incalculable depuis que l'enveloppe s'est consolidée à son épaisseur actuelle, et les divers faits naturels qui ont eu lieu depuis ont à coup sûr été occasionnés par la variation de l'axe qui a dû s'incliner de toute manière, les changements géologiques ayant été nombreux à la surface du globe.

Le phénomène de l'inégale pénétration du calorique solaire est l'un des plus importants de ceux que nous avons découverts; *il est la base même de l'électricité terrestre*. En effet, les courants de notre globe ont leur origine dans cette inégale pénétration, ainsi que nous le constaterons plus loin. Nous pouvons ajouter que sa solution nous fit faire un grand pas pour la découverte des lois réelles de la translation des astres, et qu'auparavant les ténèbres étaient impénétrables autour de nous.

DEUXIÈME PARTIE

THÉORIE DES FLUIDES — GRAVITATION DES SATELLITES

Nous allons nous occuper de phénomènes plus compliqués que les précédents, car il s'agit du problème le plus mystérieux de la gravitation astrale.

Nous démontrerons dans un chapitre spécial que l'attraction universelle considérée comme facteur unique ne peut expliquer la gravitation des astres. Il faut nécessairement l'intervention d'un second facteur, engendrant non-seulement la force centrifuge, mais rendant compte des irrégularités nombreuses et bizarres qui se remarquent dans la marche des satellites.

Évidemment le calorique n'est plus ici l'agent principal et ne joue qu'un rôle indirect, car une planète étant un corps opaque n'a pas la propriété de communiquer une chaleur répulsive aux globes soumis à ses lois, et une chute serait inévitable s'il n'existait dans la nature un autre agent capable de remplacer le calorique.

Les actions attractive et répulsive qui signalent la présence de l'électricité sur les corps matériels nous font voir que ce fluide est doué d'une puissance physique pouvant engendrer le mouvement; par là, nous avons déjà une grande présomption en faveur du rôle de l'électricité dans le mécanisme céleste.

Il nous reste à découvrir les moyens employés par cet agent, et à voir si l'hypothèse s'accorde avec les mouvements compliqués de notre satellite.

THÉORIE DES FLUIDES

I

ÉLECTRICITÉ TERRESTRE.

Formation des courants sur le globe.
La terre est une pile voltaïque gigantesque.

Le magnétisme nous apprend que le globe est entouré de fluides électriques qui l'enveloppent comme un simple électro-aimant; or, l'origine de ces courants forme un problème très-complexe et excessivement difficile à résoudre.

Nous avons tâché néanmoins d'arriver à la solution du problème, ou, du moins, d'en approcher le plus possible. Nous avons la conviction d'y être parvenu, mais si nous nous sommes trompé sur quelques faits secondaires, l'erreur n'a, en tout cas, aucune importance au point de vue de la théorie des fluides.

Ces simples réflexions faites, nous allons entrer dans le vif de la question.

Un aimant, par suite d'une force dite coercitive, est constamment enveloppé de fluides dynamiques, ou du moins, ses molécules possèdent et conservent une certaine orientation qui équivaut à ce phénomène. Le globe étant très-bon conducteur, n'a pas de force coercitive, et, puisqu'il a des fluides permanents, il lui faut nécessairement les fabriquer lui-même au moyen de couples voltaïques, et posséder des pôles électriques (lesquels il ne faut pas confondre avec les pôles magnétiques), car tout courant ne se développe que s'il part d'un pôle positif pour se rendre à un pôle négatif.

Où sont donc ces couples et ces pôles électriques?

Pour les découvrir, étudions les rapports qui unissent l'électricité au calorique. Tous les résultats obtenus en physique par les actions thermo-électriques nous démontrent que les fluides naissent lorsqu'il y a marche du calorique dans l'intérieur de deux corps hétérogènes en contact, parce que la propagation s'y fait inégalement et dérange l'équilibre normal des molécules. Le courant produit, dit thermal, suit toujours les évolutions du calorique, selon qu'il y a échauffement ou refroidissement, c'est-à-dire qu'il va du corps qui émet la chaleur à celui qui la reçoit. S'il y a refroidissement, la marche du calorique étant rétrograde, les fluides sont inverses, le courant change de sens. Les minéraux à électricité polaire changent également de signe sur leurs pôles, suivant qu'il y a croissance ou décroissance continue de température à eux communiquée.

Examinons maintenant ce qui se passe dans le sein de la terre : les couches du globe sont continuellement traversées par le calorique solaire, mais il n'y pénètre pas partout avec la même force, car la superficie de l'astre est formée de deux éléments hétérogènes : les terres et les eaux, qui y sont inégalement réparties, et n'ont pas la même vertu conductrice pour laisser entrer les rayons dans les profondeurs ; sur les continents ils s'infiltrent ou sortent avec plus d'abondance, tandis que les mers opposent à leur marche un obstacle considérable. Cette inégale propagation engendre des fluides puissants, et la différence de pénétration du calorique solaire sur le pourtour de la planète se fait sentir sur le magnétisme, et nous explique les positions bizarres prises par l'aiguille aimantée, les deux éléments hétérogènes dont le contact fait naître l'électricité, comme nous l'apprennent les expériences physiques, étant irrégulièrement distribués : non-seulement les mers sont en majorité vers le Sud, ce qui produit un couple voltaïque entre les hémisphères boréal et austral, mais deux grands continents (l'ancien et le nouveau) sont placés de chaque côté de la planète, et forment un autre couple avec les océans qui leur correspondent, de telle sorte que l'astre semble posséder un double magnétisme. Or, tous ces effets sont évidemment déterminés par la distribution irrégulière des continents et des eaux qui ne laissent pas pénétrer les rayons avec une force égale dans l'intérieur du globe. Le soleil agit sur lui ainsi que le fait une source électrique sur un corps bon conducteur, et décompose son électricité neutre, mais l'intensité des effets produits a lieu naturellement au milieu des hémisphères, éclairé et obscur, car le maximum de puissance calorifique est obtenu quand le soleil est au zénith ou au nadir, c'est-à-dire lorsque ses rayons pénètrent ou rétrogradent avec le plus de force. Nous appelons la plus grande attention sur ce phénomène à cause de ses conséquences sur la gravitation de la lune.

Nous pouvons comparer les faces, éclairée et obscure, à deux pôles électriques, où nous reconnaîtrons toujours la plus grande tension des courants ; ces pôles sont contraires, puisqu'ils résultent de la *pénétration des rayons* sur un hémisphère et de leur *rétrogradation* sur l'autre, les éléments hétérogènes donnant lieu à des courants inverses comme nous l'apprennent les expériences thermo-électriques, suivant qu'il y a échauffement ou refroidissement, c'est-à-dire marche inverse du calorique à travers les deux éléments.

Les deux faces de la terre peuvent donc être considérées comme formant un couple voltaïque composé de deux éléments — hémisphères éclairé et obscur (*), qui communiquent ensemble à cause de la rotation diurne, ainsi que les pôles d'une pile par les rhéophores. Les pôles électriques, en effet, se déplacent continuellement, et chaque point de la superficie vient successivement, sur deux extrémités, s'offrir à la lumière ou se plonger dans l'obscurité. Le fluide dynamique circule tout autour du globe, grâce à la transition incessante de froid en chaleur et de chaleur en froid qui s'opère à la fois selon qu'un point *s'avance* vers

(*) Les hémisphères, éclairé et obscur, forment un couple voltaïque, à cause de la marche inégale du calorique solaire dans les deux éléments hétérogènes : terres et eaux, c'est-à-dire que d'un côté du globe (face éclairée) les rayons pénètrent à la superficie de l'astre à travers ces deux éléments en contact, et de l'autre côté (face obscure) ils rétrogradent et repassent à travers les mers et les continents pour rayonner dans l'espace.

le soleil, ou au contraire, *s'en éloigne*. (La marche du calorique directe ou rétrograde à travers les deux éléments hétérogènes change le sens des courants.)

Ainsi un courant électrique s'élance quand un point obscur de la terre vient à la lumière et prend d'autant plus de tension que ce point se dirige vers le pôle électrique, la force du calorique augmentant lorsque le soleil est au zénith ; en même temps sur l'hémisphère opposé, un autre courant de force égale, mais inverse, se développe quand un point éclairé passe dans l'obscurité et prend aussi plus de tension à mesure que celui-ci se dirige vers le second pôle électrique, la rétrogradation du calorique sur la partie obscure ayant son maximum d'effet lorsque le soleil est au nadir.

Si nous décomposons les effets produits par la rotation diurne, nous pourrons les comparer à une double série de couples voltaïques agissant les uns après les autres, au fur et à mesure que la planète tourne, et ayant une force croissante depuis les lignes d'intersection des faces, éclairée et obscure, jusqu'au milieu de ces faces ; l'ensemble forme une véritable pile d'où s'élance le fluide dynamique qui suit la superficie terrestre dont la conductibilité ramène l'électricité du pôle positif d'une série de couples au pôle négatif de la série opposée. (Figure 1.)

Comme nous le fait voir la figure ci-dessous, et

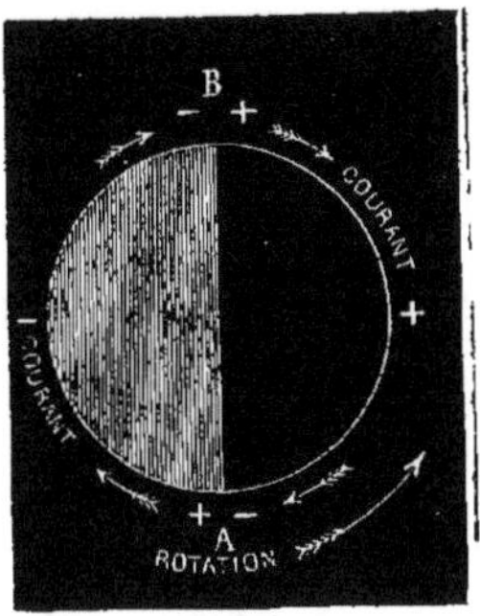

Figure 1.

ainsi que nous allons le démontrer, les pôles des couples sont disposés en sens contraire sur les deux hémisphères opposés.

Prenons, par exemple, deux couples A et B situés sur les lignes d'intersection des faces éclairée et obscure. Les courants se portent dans un sens inverse à celui de la rotation diurne, et suivent, par conséquent, le cours du soleil à la surface de la terre. Effectivement quand un point obscur A arrive à la lumière, il y a échauffement, et le courant se porte du pôle positif du couple voltaïque A au pôle négatif du couple B.

Le phénomène contraire a lieu naturellement

au point opposé B. En effet, si la planète venait à tourner sur elle-même en sens inverse de son mouvement habituel, le courant de A se renverserait aussitôt, car ce serait un point éclairé qui qui passerait à l'obscurité, et il y aurait *refroidissement*. Or, c'est précisément un tel phénomène qui se produit au point B, et le courant est inverse du précédent, puisque en B il s'opère un refroidissement au lieu de l'échauffement qui se manifeste en A. Les pôles des couples ont donc une disposition différente sur les hémisphères opposés, et la conséquence de la marche contraire des fluides est qu'ils circulent en réalité dans un ordre continu, et enveloppent le globe, de même qu'un fil électrique s'enroule autour d'un électro-aimant.

Nos recherches nous ont fait trouver l'origine des fluides dans l'hétérogénéité de la superficie de la terre, et nous ont également appris que la direction suivie par eux est déterminée par le pivotement diurne. Le chapitre suivant nous donnera pour les fluides de la lune un mécanisme au moins aussi extraordinaire.

II

ÉLECTRICITÉ LUNAIRE.

Formation des courants sur la lune; son hétérogénéité.

Les rayons solaires traversent les couches profondes de la lune, et y développent de puissants fluides électriques en vertu d'un phénomène bizarre que nous allons faire connaître.

Le satellite a un hémisphère constamment tourné du côté de la terre, et par conséquent toujours soumis à l'action de celle-ci pendant que l'autre y échappe entièrement. Par suite de l'attraction de la planète depuis l'origine des temps, les matières en fusion renfermées dans le sein de la lune se sont partagées inégalement, les plus lourdes vers la terre, les plus légères du côté opposé; d'où il résulte que les deux moitiés lunaires ne sont pas homogènes. Le centre de l'astre est comme déplacé, ses couches concentriques plus denses et resserrées dans un hémisphère et plus dilatées dans l'autre (figure 2).

L'effet est le même que si la circonférence de la terre s'étendait jusqu'à la lune, et que cet astre en fît partie ; le point central terrestre serait aussi le

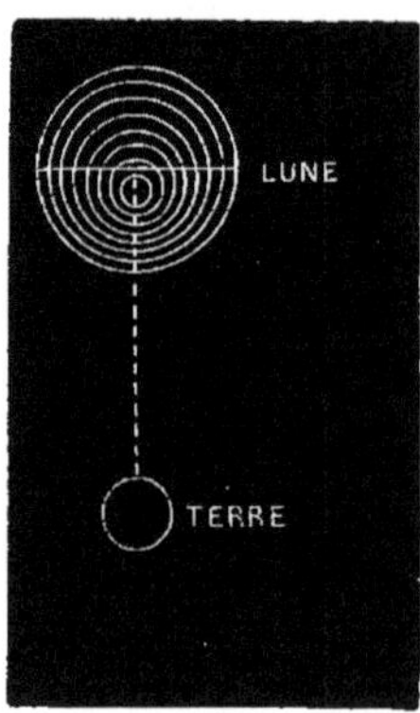

Figure 2.

point central du satellite, et la pesanteur attirant les matières denses vers le centre, cette action se fait sentir jusque dans le globe lunaire dont les deux moitiés sont hétérogènes, puisqu'elles n'ont pas la même densité et renferment des substances métalliques d'un poids différent. Cette assertion de notre part n'est pas une hypothèse sans base sérieuse ; nous verrons qu'elle sera confirmée par tous les mouvements de la lune, quels qu'ils soient.

Nous savons que la propagation inégale du calorique dans des substances hétérogènes en contact engendre des courants; nous en avons un exemple remarquable en physique; lorsqu'on chauffe l'une des soudures d'un circuit formé de deux métaux hétérogènes, il se développe aussitôt un courant électrique dont le sens de marche est donné par celle de la chaleur elle-même; si au lieu de chauffer la soudure, on la refroidit, le courant devient inverse, car le calorique rétrograde.

Les deux hémisphères de la lune renferment des matières métalliques différentes et sont par conséquent hétérogènes, et le calorique, en s'y propageant d'une manière inégale, engendre des

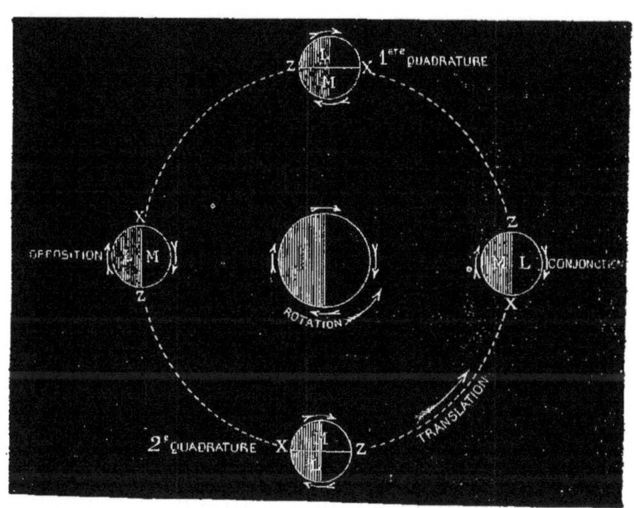

Figure 3.

fluides dynamiques puissants qui suivent le cours du soleil à la surface (figure 3).

Désignons par la lettre M la face lunaire qui est

tournée vers nous, et par la lettre L la face opposée ; cette dernière étant moins dense possède une plus grande vertu absorbante, car elle réfléchit moins de rayons ; aussi lorsque l'hémisphère L sera exposé à la lumière, il accaparera plus de calorique que l'hémisphère M, mais lorsqu'il y aura refroidissement, le calorique sera perdu par lui avec la même facilité.

En partant de l'opposition, l'hémisphère L sort peu à peu de l'ombre et réapparaît à la lumière ; il y a dans son sein *croissance continue* et progressive de température. Le satellite, arrivé à la deuxième quadrature, présente par la tranche ZX ses deux hémisphères hétérogènes au soleil qui frappe la face Z, mais L accapare la plus grande quantité de chaleur et en fait passer une partie dans M qui lui sert de magasin.

Parvenu à la conjonction, l'hémisphère L reçoit beaucoup de chaleur à cause de sa vertu absorbante, et l'emmagasine toujours dans M, qui la lui restituera plus tard quand le besoin s'en fera sentir. A cette syzygie, la lune a atteint le maximum de saturation, c'est-à-dire qu'elle possède la plus grande dose de calorique qu'elle doit absorber. L sort peu à peu de la lumière pour rentrer dans l'ombre ; il y a dans son sein *décroissance continue* et progressive de température. A la première quadrature, le refroidissement agit sur le satellite par la même face Z qui avait été chauffée à la quadrature précédente. L perd son calorique avec rapidité, et, pour compenser cette perte, il soutire maintenant à M celui qui avait été mis en réserve. Enfin, revenu à l'opposition, L éprouve un refroidissement considérable et achève de dépenser l'excès de chaleur emmagasinée dans M à la syzygie opposée. La lune est alors à son minimum de saturation, l'hémisphère M n'absorbant pas autant de rayons solaires que L en perd par le refroidissement.

Les puissants fluides dynamiques qui se développent sous la marche inégale du calorique au sein de la lune vont toujours dans le même sens et dans un ordre continu ; en effet, l'astre se portant de l'opposition à la conjonction, l'hémisphère L se réchauffe progressivement et finit par atteindre le point de saturation; l'un des courants suit la surface de L en allant de Z en X, et le courant inverse se porte de X en Z à la superficie de M. Si l'astre, au lieu de poursuivre sa route habituelle, revenait tout à coup sur ses pas, il se refroidirait peu à peu, car L rentrerait dans l'ombre, et les courants se renverseraient; mais comme la lune, au lieu de rétrograder, continue sa course autour de la terre, en présentant ses deux hémisphères au soleil dans un *ordre inverse* à celui de la demi-révolution antérieure, c'est par suite de ce phénomène que les courants circulent toujours dans le même ordre, mais en réalité ils sont changés (renversés comme dans les expériences physiques de l'électricité thermale), puisqu'ils conservent leur direction, et que cependant le globe lunaire a fait un mouvement de conversion sur lui-même, c'est-à-dire que, à la deuxième quadrature, il présente le point Z au soleil, et le point X à la première quadrature.

La cause du renversement des fluides provient de la marche différente du calorique aux diverses phases; lorsqu'il y a échauffement, il se transmet des couches dilatées aux couches denses, et s'il y a refroidissement, il rétrograde de la partie dense à la partie dilatée, et comme les courants suivent fidèlement les évolutions du calorique, et que la lune change de position en face du soleil, les fluides, en se renversant, suivent par conséquent le même ordre de marche autour de la lune, quelle que soit la phase où elle se trouve (figure 3).

Le mécanisme de la formation des courants lunaires est réellement très-curieux et exige une description précise pour que le lecteur puisse s'en rendre parfaitement compte.

Si l'électricité se développe sur la terre parce que les deux éléments hétérogènes de sa superficie ne laissent pas le calorique se propager d'une manière égale vers l'intérieur de la planète, le phénomène est tout autre pour la lune, mais donne des résultats semblables, à cause de la densité uniformément croissante et décroissante de sa surface, de l'un à l'autre hémisphère hétérogène. (Voir figure 2.)

Or, nous savons qu'en physique la densité plus ou moins grande des superficies matérielles a une influence prépondérante sur l'entrée et la sortie du calorique, et la conséquence de cette loi naturelle est que les rayons lumineux éprouvent une incessante variation ou inégalité dans leur marche pénétrante ou rétrograde, au fur et à mesure que le satellite tourne sur lui-même en présentant successivement au soleil chacun de ses points d'une densité croissante ou décroissante à tout instant de la rotation. En effet, les divers points du disque frappés à la fois par la lumière n'offrent jamais à celle-ci la même facilité de propagation ; sur l'hémisphère qui nous regarde, les rayons éclairent simultanément le centre du disque où est le maximum de densité et les bords qui sont plus dilatés ; la disposition inverse a lieu sur l'hémisphère opposé ; une face latérale a ses parties denses situées d'un côté, et ses parties dilatées de l'autre côté ; de là une perpétuelle inégalité de pénétration ou rétrogradation calorifique et un développement ininterrompu de fluides dynamiques qui en est la conséquence.

A mesure que la lumière se propage à la superficie de l'astre, elle baigne des régions dont la densité est croissante, puis d'autres où elle est décroissante, pendant une révolution lunaire ; les courants ont toujours la même intensité, car si la pénétration, c'est-à-dire l'échauffement est moindre d'un côté du satellite, la rétrogradation, c'est-à-dire le refroidissement est plus énergique de l'autre côté, et les effets se compensent pour la production de l'électricité.

Les deux hémisphères hétérogènes donnent donc naissance aux fluides, mais, comme sur notre globe, les pôles électriques sont représentés par les faces éclairée et obscure qui forment entre elles un couple voltaïque, et agissent à la façon d'un condensateur pour le rassemblement des fluides contraires et l'augmentation de la tension, car sur l'une, le calorique *pénètre* avec une force progressive depuis la ligne d'intersection jusqu'au milieu de cette face, et sur l'autre, il *rétrograde* avec la même force pour rayonner dans l'espace ; par suite les pôles sont de signe différent et produisent des courants inverses sur chaque hémisphère opposé du satellite.

Nous pensons que ces explications suffisent pour que le lecteur comprenne jusque dans ses moindres détails le mécanisme compliqué de la formation des courants lunaires.

III

TRANSLATION LUNAIRE.

Origine de la force motrice.
Induction électrique.
Courants continus et courants d'induction.

Les courants suivent le cours du soleil à la surface de la terre et de la lune, et l'enroulement étant exactement le même, les fluides des deux astres se croisent constamment en sens opposé (figure 3).

D'après les lois particulières à l'électricité en mouvement, les courants parallèles de sens inverse se repoussent mutuellement, et comme la planète pivote sur son axe, ses fluides réagissent avec une grande énergie sur ceux de la lune, et chassent celle-ci en avant, dans le sens de la rotation diurne.

Un autre phénomène vient encore contribuer à la translation satellitaire, c'est l'induction électrique qui se fait entre les deux astres, et qui, amenée par la rotation diurne, est proportionnelle à la vitesse du pivotement à la surface d'une planète.

La terre, ayant un volume peu considérable, et pivotant lentement sur elle-même, les fluides induits sont faibles à sa superficie, tandis que les grandes planètes, animées d'un mouvement diurne plus rapide, et possédant de fortes masses, acquièrent une vitesse excessive sur leur circonférence et développent des courants d'induction d'une énergie prodigieuse.

Que les fluides induits s'ajoutent peu ou beaucoup à l'action motrice des courants continus, ils n'en sont pas moins la réelle sauvegarde des satellites, car ils varient d'intensité, non-seulement par la rotation de la planète, mais par le rapprochement progressif. Si la lune venait à tomber vers la terre, les fluides d'induction, très-faibles au commencement, prendraient bientôt une énergie telle que le satellite ne pourrait arriver jusqu'à nous et serait rejeté dans l'espace avec une vitesse considérable.

Ainsi les courants induits ont dans la gravitation une importance qui demande une explication particulière.

Une planète étant un bon conducteur, son satellite décompose son électricité neutre, et fait naître à sa surface des fluides d'induction qui tendent à entraîner cet astre dans le sens de la rotation diurne.

En effet, d'après les lois propres à cette nature

de fluides, un courant induit par un courant continu est inverse, si celui-ci *s'approche* du corps conducteur, et direct, s'il *s'en éloigne*. Pour faire comprendre au lecteur qui serait peu familiarisé avec ces questions la force motrice que peut engendrer un pareil phénomène, nous allons décrire ce qui se passe quand un disque bon conducteur est mis en rotation en présence d'une aiguille aimantée.

Une aiguille A étant mise à proximité d'un disque de cuivre D, lui présente ses courants inférieurs; elle reste immobile, mais si l'on fait tourner le disque, elle commence à osciller, puis la rotation du conducteur augmentant de rapidité, la force d'entraînement s'accroît, et l'aiguille pivote sur elle-même dans le même sens que le disque (figure 4).

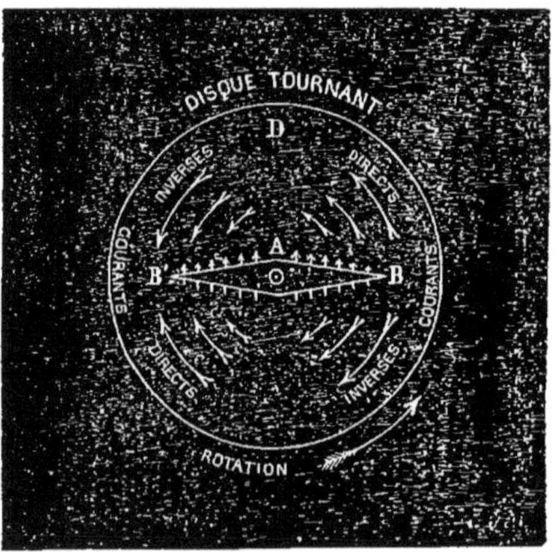

Figure 4.

Comme l'indique la figure, les courants inférieurs de l'aiguille font naître des courants induits sur le conducteur tournant, dont chaque point qui s'approche de l'une des branches B de l'aimant acquiert un courant d'induction inverse, et chaque point qui s'en éloigne, un courant induit direct (ces courants ont été constatés avec précision à l'aide du galvanomètre).

Suivant les lois de l'électricité dynamique, les courants de sens inverse se repoussent réciproquement, et les directs s'attirent; c'est pourquoi la branche B, repoussée d'un côté et attirée de l'autre, se met en mouvement dans le sens de la rotation du disque.

L'autre branche B′ de l'aiguille fait naître des fluides induits disposés en sens inverse du précédent, et ces fluides tendent également à entraîner l'aimant dans le sens de rotation, puisque chaque point qui s'approche de la branche B′ acquiert un courant d'induction inverse de ceux de l'aiguille et chaque point qui s'en éloigne, un courant induit direct.

Les courants d'induction développent donc une force motrice capable de communiquer le mouvement à distance. Or, ce que nous venons de décrire se représente dans la gravitation. Par suite du pivotement sur l'axe (pivotement qui correspond à la rotation du disque), un endroit quelconque de la planète s'avance vers le satellite, lequel vient passer à son méridien, et par conséquent ce point est un conducteur qui *s'approche* des courants électriques du satellite ; celui-ci induit un courant inverse, puis, aussitôt que le même point s'éloigne, le courant induit devient direct.

D'après ce phénomène, il existe toujours à la surface de la planète un courant inverse en arrière du petit astre et un courant direct en avant, et sous les attraction et répulsion qui s'opèrent entre ces courants d'induction et les fluides continus du satellite, celui-ci est entraîné dans le sens de la rotation diurne, comme l'aiguille par le disque tournant (figure 5).

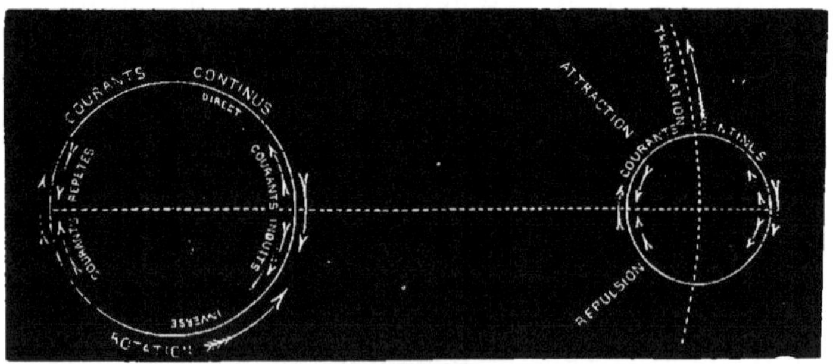

Figure 5.

L'induction ne saurait se produire sans se répéter à l'extrémité opposée de la planète, ainsi que cela a lieu dans tout partage des fluides sur un conducteur en présence d'une source électrique; les fluides d'induction ont naturellement une disposition inverse sur l'autre hémisphère. (Nous verrons plus loin que ces courants répétés sur les deux faces de la terre sont la cause de la double marée.)

Par son pivotement, la planète développe aussi sur son satellite des courants d'induction qui contribuent également à sa translation; ces fluides ont forcément sur le satellite une disposition contraire à celle des courants induits de l'astre central, et se répètent dans l'ordre inverse (figure 5). Le phénomène ressemble exactement à celui qui fait mouvoir les branches B et B′ de l'aiguille en présence d'un disque tournant, par suite d'une disposition contraire des fluides induits sous l'influence de chaque extrémité B et B′ de l'aimant. Le satellite est donc entraîné dans le sens de la rotation diurne tant par les attraction et répulsion des courants d'induction de la planète sur les courants continus du petit astre que par les attraction et répulsion de ses propres fluides d'induction sur les courants continus du globe central.

Pour terminer ce qui concerne les courants d'induction nous devons dire que les courants continus varient peu d'intensité, mais il n'en est pas de même des fluides induits; ceux-ci n'auraient plus d'existence si la planète cessait de pivoter, et sont proportionnels à la vitesse de rotation et au volume de l'astre; la terre ne possède par conséquent que des fluides d'induction d'une force minime si on les compare à ceux d'une planète à cortége, et la translation lunaire est due presque exclusivement à la réaction mutuelle des courants continus.

Cette faiblesse et la grande distance de l'astre inducteur nous expliquent pourquoi l'aiguille aimantée ne peut nous révéler la présence des courants d'induction. Les fluides continus, formés par le soleil, enveloppent le globe et présentent un ensemble de force qui influence les pôles magnétiques de l'aiguille; celle-ci se trouvant au sein même de la force en est tout à fait l'esclave, mais les courants induits produits par le satellite n'ont aucune action constatable sur l'aiguille, parce que l'influence électrique est en raison inverse du carré des distances, et la lune est fort éloignée. Si l'on enlevait l'instrument du sein des courants terrestres pour le transporter sur la lune, évidemment il n'obéirait qu'aux courants de cet astre, et ceux de notre globe n'auraient plus d'influence sur lui.

Les deux astres n'en exercent pas moins une induction l'un sur l'autre, mais elle ne peut être appréciable que sur l'ensemble d'un hémisphère entier. Pour marquer les effets de l'induction sur cet immense cadran, la terre, il faudrait une aiguille gigantesque comme la planète elle-même. Or, l'instrument, nous le possédons; l'aiguille est remplacée par le mouvement des marées, et l'induction lunaire nous est donnée avec l'exactitude la plus merveilleuse par le soulèvement de la mer dont les différents niveaux sont une échelle qui marque le plus ou moins d'énergie de cette induction. Nous consacrerons un chapitre spécial à ce phénomène dont les causes ont été mal comprises jusqu'à présent.

La translation de la lune est amenée, comme nous l'avons dit, par les courants électriques qui l'entraînent dans le sens de la rotation diurne. Une chute est impossible ; car, par le rapprochement progressif, non-seulement les fluides continus auraient plus d'action, mais les courants d'induction se développeraient avec une énergie croissante, et la vitesse de translation augmentant en même temps que diminuerait la distance, la force centrifuge finirait par rejeter la lune au loin. Or, c'est ce qui se produit, mais sur une plus faible échelle, lorsque l'astre parvenu au périgée est chassé à l'apogée avec une vitesse proportionnelle à la puissance des fluides. La force centrifuge plus grande au périgée devient d'autant moins vive à l'apogée, et le satellite moins soutenu retombe vers la terre qui le chasse de nouveau en lui faisant sentir la puissance de ses courants. Le phénomène est entièrement semblable à celui qui attire ou éloigne les planètes du soleil, sauf que l'excentricité de l'orbite lunaire est plus prononcée.

Le satellite est astreint à nous présenter toujours le même hémisphère à cause de son hétérogénéité ; la partie la plus lourde se tourne naturellement du côté du point d'attraction et y prend son centre de gravité. La loi est générale pour tous les satellites, et on comprend qu'il n'en saurait être autrement.

IV

LA LOI MYSTÉRIEUSE.

Ligne de force des courants. — La terre est un solénoïde.

Avant de nous occuper des divers mouvements compliqués qui se remarquent dans la gravitation lunaire et vont servir de preuves à la théorie des fluides, il est indispensable de nous rendre compte d'un phénomène sans lequel tous ces mouvements seraient absolument inexplicables, mais qui brillent d'une vive lumière aussitôt qu'on en a saisi le mécanisme.

Voici quel est le phénomène :

L'aiguille aimantée nous apprend que des courants enveloppent le globe et suivent une direction marquée par l'équateur magnétique. Or, si la lune doit obéir à l'action des courants de la planète, cependant ses mouvements sont loin de coïncider avec leur direction. Il y même un tel désaccord avec la position des pôles magnétiques terrestres, que cette difficulté nous avait paru insurmontable, jusqu'à ce que, ayant découvert le mécanisme de la formation des courants, nous eûmes enfin la solution de ce problème, l'un des plus mystérieux de la nature.

Nous apprîmes que les astres sont des électro-aimants portant avec eux les couples voltaïques qui donnent la direction de l'électricité, plus des pôles électriques qui en font varier la tension, et enfin que la naissance des fluides eux-mêmes était due à l'inégale pénétration des rayons solaires vers le centre de la planète. Le pivotement diurne détermine donc le sens de marche, et l'aiguille s'oriente naturellement d'après le mouvement des fluides ; mais si nous considérons l'influence produite par l'ensemble des courants sur un astre voisin, le phénomène change d'aspect et n'a plus le même résultat que sur l'aiguille. Dans le chapitre Ier (Électricité terrestre), nous avons déjà expliqué pourquoi. C'est à cause des pôles électriques de nom contraire placés au milieu précis des hémisphères éclairé et obscur.

Il faut en effet distinguer dans la constitution des fluides terrestres trois faits spéciaux : 1° *la formation de l'électricité* (pénétration et rétrogradation du calorique à travers les deux éléments hétérogènes : les terres et les eaux); 2° *la marche des courants* (effets de la rotation diurne selon qu'un point se présente à la lumière ou à l'obscurité); 3° *la tension des fluides*, qui n'est pas identique partout, et varie continuellement selon les latitudes et les différentes heures de la journée (résultat des pôles électriques, c'est-à-dire croissance de l'intensité des fluides proportionnellement à l'augmentation de la puissance du calorique quand le soleil est au zénith ou au nadir). Toutes ces lois, quelque compliquées et extraordinaires qu'elles paraissent, sont cependant très-rationnelles et seront confirmées par les moindres mouvements de la lune.

Ainsi, la plus grande tension électrique se fait toujours au milieu précis de chaque hémisphère éclairé et obscur et dépend de la plus grande force de pénétration ou de rétrogadation des rayons solaires à travers les deux éléments hétérogènes de la surface terrestre.

L'inclinaison de l'axe ne change rien à la distribution de l'électricité et à ses lignes de force. En effet, examinons ce qui se passe à l'un des solstices, celui d'été par exemple, les régions voisines du pôle nord tournent plus dans la lumière que dans l'obscurité; mais les contrées du pôle sud présentent le phénomène contraire, et tournant plus dans l'obscurité que dans la lumière, éprouvent un refroidissement considérable qui correspond à l'échauffement analogue du pôle septentrional. Une plus grande quantité de calorique pénètre en été dans le sein de l'astre, par l'hémisphère boréal, et réciproquement en rétrograde avec énergie en hiver. (Voir Ire partie, chap. IV.) Il en résulte que le maximum de tension existe toujours au milieu des hémisphères éclairé et obscur, que l'axe soit incliné ou non; la puissance solaire développe les fluides proportionnellement à la position de l'astre du jour sur chaque point du globe, c'est-à-dire que la pénétration ou la rétrogradation de ses rayons à travers les deux éléments hétérogènes produit des effets plus énergiques quand le soleil est au zénith ou au nadir.

En réalité, la terre se conduit comme si elle était un solénoïde, et on sait que les courants sinueux et inclinés du solénoïde agissent comme s'ils étaient perpendiculaires à l'axe qui les traverse. Les courants inclinés et sinueux de la terre se comportent de même; leur axe fictif est celui de l'écliptique.

Cependant on se tromperait si l'on comparait le globe à l'un de ces solénoïdes qu'on obtient en faisant passer par l'axe le courant qui a parcouru les spires. En physique, le fluide dynamique a la même intensité sur toute la longueur du solénoïde, aussi est-on obligé de mener le courant dans l'intérieur de l'hélice pour détruire l'effet de l'inclinaison des spires et les faire agir perpendiculairement à l'axe. La terre ne possède pas la même particularité et ne devient solénoïde que parce que la tension est variable d'un point à l'autre de sa surface.

L'aiguille aimantée ne peut nous dévoiler les variations de la tension, suivant les latitudes et les différentes heures de la journée, parce que la tension très-puissante comme résultante d'un hémisphère est complétement nulle sur un espace restreint. On comparera ce phénomène à celui des marées sous une influence dont la résultante produit un soulèvement considérable des eaux sur une face entière du globe, mais n'a absolument aucun effet sur un point terrestre pris isolément.

A plus forte raison, l'aiguille conserve-t-elle son impassibilité sous les tensions variables des points de la terre infiniment restreints qui sont dans son voisinage; elle obéit par ses pôles à l'influence directrice de la planète, et son intensité magnétique croît, sous l'ensemble des forces dynamiques réunies, depuis l'équateur jusqu'aux extrémités nord et sud, mais soumise à la tension locale variable à chaque heure, elle n'en éprouve aucun effet, cette tension étant entièrement nulle sur un espace limité.

La loi mystérieuse de la direction des lignes de force qu'il était impossible de soupçonner, tant que n'était pas connu le mécanisme de la formation des deux courants inverses, selon qu'un point s'approche progressivement du calorique solaire, ou au contraire s'en éloigne, cette loi, disons-nous, nous donnera la clef de tous les mouvements de la lune qui se meut sur l'écliptique comme si elle était une aiguille, laquelle s'incline et dévie en présence d'un courant électrique passant au-dessus ou au-dessous d'elle.

L'inclinaison de l'orbite et les librations vont nous offrir un exemple remarquable de l'impressionnabilité du satellite en face des fluides terrestres dont la principale ligne de force est sur l'écliptique, équateur magnétique qui gouverne tous ses mouvements.

Les variations ou irrégularités de marche nous feront voir également les effets produits par le maximum de tension au milieu précis des hémisphères, éclairé et obscur.

V

VARIATIONS OU IRRÉGULARITÉS DE MARCHE.

Croissance et décroissance de la force motrice.

Le mouvement de la lune n'est pas tout à fait conforme à la loi des aires trouvée par Képler, et il s'y manifeste des irrégularités assez sensibles. La lune s'écarte de la planète aux syzygies, et s'en rapproche aux quadratures. Tycho-Brahé découvrit en outre le premier que la vitesse du satellite augmente d'une quadrature à une syzygie, et diminue d'une syzygie à une quadrature.

Comme il fallait bien expliquer ces variations dans la théorie de l'attraction universelle, on a dit que la lune se soulevait à la conjonction, parce qu'elle était plus attirée que la terre par le soleil, mais le mouvement se répétant à l'opposition, on a dû aussi admettre qu'elle était moins attirée à cette phase et restait ainsi plus éloignée de sa planète. C'est ce qu'on a appelé le problème des trois corps, et on a mis en avant une théorie particulière d'après laquelle la force perturbatrice est la résultante de l'attraction sur l'astre, et d'une force qui pour chaque unité de masse est égale, parallèle et de sens contraire à l'attraction sur l'astre considéré comme condensé à son point central.

Il est évident que la théorie ci-dessus n'a été émise qu'en désespoir de cause, dans le but de présenter une explication telle qu'elle, qui pût s'accorder avec un phénomène incompréhensible si l'on réfléchit que la force attractive à la conjonction s'est en somme changée en force répulsive à l'opposition, produisant un effet exactement contraire du précédent. On s'est vu obligé pour la démonstration du phénomène d'adopter la vraie formule de l'électricité, car elle seule peut engendrer deux forces égales, parallèles et de sens contraire, au moyen de ses deux fluides, mais la pesanteur n'a pas cette vertu. L'adoption de la formule électrique nous prouve que la théorie des fluides s'impose forcément à l'esprit.

Nous allons démontrer que l'explication donnée en astronomie par l'attraction est la négation du principe de l'attraction elle-même qui agit en raison inverse du carré des distances.

D'abord, il faut mettre la terre à l'écart du phénomène, car notre planète dans sa course annuelle suit invariablement sa route en obéissant aux lois de Képler et n'en dévie nullement, que la lune soit à l'opposition ou à toute autre phase ; en conséquence on ne peut alléguer que, soulevée par le soleil, elle s'écarte ainsi de son satellite, puisque, en réalité, elle ne bouge pas de son orbite.

Voici déjà un point qui dément complétement la théorie ; considérons maintenant la lune placée aux trois positions diverses de son orbite, savoir : la *conjonction*, où elle est le plus près du soleil, *l'opposition*, où elle en est le plus éloignée, et une *quadrature*, point intermédiaire entre les deux autres. Nous pouvons supposer que ces trois positions sont occupées par trois astres semblables, sur une ligne droite à des distances différentes du soleil (l'astre du milieu se tenant à la place de notre globe).

Donnons à ces trois satellites un numéro d'ordre suivant leurs positions respectives, savoir les n°s 1, 2 et 3, et mettons-les subitement en présence de l'astre lumineux.

D'après la théorie astronomique, le n° 1, le plus voisin du soleil, doit être plus attiré que le n° 2, et s'en écarter en conséquence ; de même le n° 2 doit se distancer du n° 3, moins sollicité à cause de l'éloignement. Ceci semble déjà extraordinaire, puisque dans une chute vers le soleil, les distances respectives n'éprouveraient aucun changement, mais passons. La dilatation de l'orbite lunaire est représentée par une valeur N à la conjonction, et par la même valeur N à l'opposition. Pour concilier ce fait avec la théorie, il faut donc admettre que le n° 2 s'écarte du n° 3, aussi fortement que le n° 1 s'éloigne du n° 2, autrement la dilatation de l'orbite ne pourrait être égale aux deux phases. Mais s'il en est ainsi, que devient le principe même de l'attraction qui agit en raison inverse du carré des distances? Ce principe, en vertu duquel on explique la gravitation des astres, est entièrement annihilé, puisque la force attractive appliquée à des distances différentes donne des résultats complétement identiques! Bien plus, la théorie est la négation du phénomène qu'elle prétend expliquer, car si l'attraction à une distance, soit plus grande, soit plus petite, occasionne une dilatation de l'orbite parfaitement égale, on ne comprend pas pourquoi celle-ci se dilate et ne reste pas simplement ce qu'elle était.

C'est que la base de la théorie étant fausse ne peut conduire qu'à des conséquences contradictoires. En réalité, l'attraction n'est pas la cause du phénomène.

La parfaite égalité de la dilatation est due à une force motrice centrale provenant de l'action des fluides électriques qui agissent avec la même intensité aux deux syzygies.

En effet, aux phases de la conjonction et de l'opposition, les deux astres tournent entièrement l'un vers l'autre, leurs faces éclairées et obscures, et c'est là que se trouvent leurs pôles électriques, c'est-à-dire les points où les courants ont leur maximum de tension.

L'énergie des fluides est donc plus prononcée aux syzygies et plus faible aux quadratures où la terre et la lune ne se présentent que les lignes d'intersection de leurs hémisphères éclairés et obscurs. Les fluides développent une force centrifuge qui *augmente progressivement d'une quadrature à une syzygie, et diminue dans le même rapport d'une syzygie à une quadrature.*

Cet énoncé suffit pour jeter une vive lumière sur le phénomène, car par là on saisit tout de suite pourquoi la lune n'a pas une marche régulière et varie ses allures selon les phases où elle se trouve.

D'après la différence d'énergie réelle des courants aux syzygies et aux quadratures, les dilatation et contraction de l'orbite devraient y être beaucoup plus considérables, mais la marche de l'astre est régularisée par la force centrifuge et la vitesse acquise. On peut comparer les variations de la puissance électrique au va-et-vient de la bielle d'une machine à vapeur, laquelle possède deux points actifs et deux points morts. Le va-et-vient du piston se convertit en un mouvement circulaire et régulier par la vitesse acquise du volant, et les croissance et décroissance alternatives de la force motrice lunaire se changent également en mouvement circulaire à peu près régulier, grâce à la vitesse acquise par l'astre; mais malgré cette régularisation on reconnaît très-bien les endroits où l'énergie croît et faiblit, c'est-à-dire les phases qui correspondent aux points actifs et aux points morts dans le mécanisme céleste.

On voit que la théorie des fluides donne l'explication la plus complète des variations sous l'influence des deux pôles électriques, autrement dit des deux forces égales, parallèles et de sens contraire cherchées vainement dans le système de l'attraction. Le soulèvement plus ou moins grand des marées est dû aux mêmes causes, et viendra confirmer à son tour l'exactitude de la théorie; les marées sont, en effet, fortes ou faibles selon que la lune est à une syzygie ou à une quadrature, et exerce son induction en conséquence.

L'observation a montré que la diminution de la pesanteur aux syzygies est à peu près le double de son augmentation aux quadratures; de là, un rapport remarquable avec les variations des marées.

Une observation, en terminant ce chapitre. — On pourrait demander pourquoi le soleil, quand la lune passe entre lui et la terre, n'exerce pas une certaine influence sur notre satellite, de telle sorte que la dilatation de l'orbite devrait être plus prononcée à la conjonction qu'à la phase opposée.

En voici la cause. Nous avons vu que la terre est plus ou moins sensible à l'attraction du soleil, selon ses différents degrés de chaleur intrinsèque; trop saturée au périhélie, elle finit par être repoussée dans l'espace; moins saturée à l'aphélie, l'attraction reprend son empire et ramène le globe. Or, le satellite est doué d'une vertu particulière; il possède deux hémisphères hétérogènes et tourne, tantôt l'un, tantôt l'autre, à la lumière. Comme la face dilatée absorbe plus facilement les rayons, la lune atteint le maximum de saturation à la conjonction; elle est donc moins attirée vers le soleil en conséquence du plus de chaleur à elle communiquée, ce qui compense son rapprochement de l'astre du jour. A l'opposition, au contraire, le calorique frappe l'hémisphère dense qui, réfléchissant davantage, l'absorbe moins, pendant que la face dilatée subit un refroidissement violent. La lune y est à son minimum de saturation et obéit plus à la force attractive solaire, malgré son plus grand éloignement. En somme, les deux effets se compensant exactement, la dilatation n'en subit aucune altération.

Nous pouvons comparer la lune à une planète qui décrirait une orbite autour du soleil; son périhélie serait représenté par la conjonction et son aphélie par l'opposition, mais il existe une différence essentielle entre la planète et le satellite; celui-ci a deux hémisphères hétérogènes et tourne le moins dense vers le soleil à la conjonction (périhélie) et le plus dense à l'opposition (aphélie); il est donc attiré ou repoussé en conséquence.

VI

INCLINAISON DE L'ORBITE SUR L'ÉCLIPTIQUE.

Attractions par les pôles magnétiques. Nutation de l'orbite. Rétrogradation et oscillation des nœuds.

Pour comprendre le phénomène qui donne au plan de la lune une inclinaison de cinq degrés sur l'écliptique, il faut réfléchir que les deux astres se présentent l'un à l'autre des fluides dynamiques allant en sens opposé, et la répulsion puissante qui résulte de cette disposition cherche constamment à faire dévier le satellite de sa route et lui donne un état d'équilibre instable. D'un côté du globe, il se porte au-dessus du plan, et de l'autre côté au-dessous, les courants y étant inverses.

Expliquons ce mécanisme par les forces magnétiques qui représentent l'action des courants.

La lune se conduit comme une aiguille qui, en présence d'un aimant, s'efforce de lui offrir un pôle de nom contraire. Or, nous avons vu que les deux astres, par suite de l'enroulement semblable de leurs courants, dirigent leurs pôles magnétiques vers les mêmes points du ciel ; ces pôles se repoussent, mais comme leur position est antinaturelle, et qu'un pôle boréal appelle à lui un pôle austral, et réciproquement, la lune obéit à cette tendance en se portant alternativement de chaque côté de l'écliptique, afin de pouvoir montrer à sa planète un pôle magnétique de nom contraire. Son pôle austral cherche à s'appliquer au pôle boréal terrestre quand la déclinaison a lieu au-dessus du plan, ou son pôle boréal au pôle austral de la planète, lorsqu'elle se fait au-dessous. (Nous avons vu chap. IV que le globe est un solénoïde dont les pôles sont séparés par une ligne neutre, l'écliptique.)

C'est cette tendance qui fait osciller l'orbite de cinq degrés de chaque côté du plan, mais une plus grande déviation n'est pas possible, parce que la force centrifuge s'y oppose et tend à ramener continuellement la lune sur l'écliptique, comme nous en trouverons la preuve dans la nutation de l'orbite.

Si le lecteur veut bien jeter un coup d'œil sur la figure 3 (2e partie, chap. II), il verra que les deux astres se présentent toujours des courants de sens inverse qui cherchent à se repousser mutuellement; or, le mouvement de rotation dont la planète est animée engendre non-seulement des fluides d'induction, mais oblige les courants continus de la terre à réagir d'une manière répulsive sur les fluides continus de la lune, chassant celle-ci dans le sens de la rotation diurne.

Le maximum de tension des courants continus est au milieu des hémisphères éclairé et obscur, soit sur l'écliptique, et par conséquent c'est sur ce plan que la force centrifuge engendrée par eux projette l'astre, qui ne peut en dévier que de cinq degrés sous les attractions magnétiques.

Ainsi la lune est sollicitée par deux forces contraires, dont l'une tend à l'entraîner alternativement vers chaque pôle magnétique terrestre, et l'autre cherche constamment à la ramener sur le plan de l'écliptique; mais cette dernière puissance augmente ou diminue suivant les phases, car le maximum de tension étant au milieu précis des hémisphères éclairé et obscur, la force centrifuge est plus considérable aux syzygies qu'aux quadratures. Les composantes des deux forces donnent donc une résultante qui varie continuellement à cause des croissance et décroissance de l'énergie et dérange la marche de la lune, deux fois par révolution; tantôt la force magnétique domine, tantôt c'est la force centrifuge, et la recrudescence de celle-ci non-seulement repousse l'astre davantage, mais tend à le rapprocher de l'écliptique, tendance qui se traduit fidèlement par la *rétrogradation des nœuds*, ou mouvement en forme de spire, en vertu duquel les points (nœuds) où la lune traverse l'écliptique changent sans cesse de position et rétrogradent lentement, obligeant le plan lunaire à tourner sur lui-même dans une période de dix-huit à dix-neuf ans. Aux syzygies, la force centrifuge, plus énergique, cherche à faire rapprocher la lune de l'écliptique ; aux quadratures, la force magnétique a plus d'empire et tend à l'écarter davantage du plan; la marche de l'astre est donc continuellement dérangée de sa route antérieure, à chaque phase ; de là ce mouvement spiral qui produit la rétrogradation des nœuds, c'est-à-dire que la déviation reste la même, mais en revanche les nœuds changent de position.

Un autre phénomène qui dépend du précédent, donne lieu à la *nutation de l'orbite* et à *l'oscillation des nœuds*.

On appelle nutation de l'orbite une variation qui se manifeste dans l'inclinaison du plan pendant la période de 18 à 19 ans ; l'écart ne demeure pas constant et varie entre deux limites extrêmes qui sont : 5°, 17′, 35″, et 5°, 0′, 1″. La différence entre ces deux nombres provient de la position occupée par le plan aux diverses phases.

En effet, aux syzygies, la force centrifuge est toujours plus vive, et si ces phases coïncident avec les nœuds, l'action qui cherche à ramener la lune sur l'écliptique ne donne que le minimum de puissance, puisque l'astre passe en ce moment sur le plan ; d'après sa position dans l'orbite, les parties de la courbe depuis les nœuds jusqu'aux points intermédiaires (culminants), sont influencées dans une *proportion décroissante*, et par suite, l'inclinaison atteint 5°,17′,35″ sous la force magnétique.

Si, au contraire, la plus grande déviation du plan coïncide avec les syzygies, où, comme nous l'avons dit, la force centrifuge est plus énergique, le maximum d'effet pour rappeler l'astre est obtenu à cause de l'écart entre les deux plans en face des syzygies. Les parties de la courbe depuis les nœuds jusqu'aux points culminants ou intermédiaires sont influencées dans une *proportion croissante*. Le résultat se traduit par la déviation la plus faible, soit 5°,0′,1″. Cette action sur l'orbite nous prouve que l'inclinaison du plan est combattue par la force centrifuge.

L'oscillation des nœuds se relie intimement à la nutation, car les deux phénomènes ont la même origine, et sont dus à la lutte soutenue entre les forces magnétique et centrifuge; cette dernière étant non-seulement plus ou moins vive, suivant les phases, mais ayant en outre plus ou moins de pouvoir sur le satellite, selon la position du plan à à une syzygie ou à une quadrature. Quand l'écart entre les deux plans augmente ou diminue, les nœuds, comme conséquence forcée, oscillent de part et d'autre de leur position moyenne, car il y a un rapport constant entre l'inclinaison du plan et la rétrogradation des nœuds, à cause du mouvement en forme de spire; tout changement, c'est-à-dire une différence dans la déviation, a donc pour corollaire une différence dans la marche des nœuds qui est amenée elle-même par la variation de la force centrifuge dans sa tendance à rappeler la lune sur l'écliptique.

La théorie astronomique attribue à l'attraction solaire tous les phénomènes précédents, mais nous ferons remarquer qu'ils se manifestent avec une énergie égale à la conjonction et à l'opposition. Or, nous avons démontré dans le chapitre V que la force attractive ne peut donner lieu à deux actions parfaitement semblables sur deux points de l'orbite diamétralement opposés. La chose est complétement impossible ; mais nous avons une explication tout à fait rationnelle du phénomène par la théorie de l'électricité, la force centrifuge qu'elle fait naître augmentant de puissance aux deux syzygies, lorsque les hémisphères éclairé et obscur de chaque astre sont tournés l'un vers l'autre.

Si le soleil avait une influence sur l'orbite, la lune serait, il est vrai, rappelée par lui sur l'écliptique à la conjonction, en même temps qu'attirée ; mais à l'opposition l'effet serait inverse, et le soleil tendrait à écarter le satellite du plan tout en l'attirant de son côté, d'après la loi du parallélogramme des forces. En réalité, l'influence solaire n'a aucun effet sur ces phénomènes aux deux syzygies, et nous l'avons déjà expliqué par la différence de saturation de la lune aux deux phases opposées.

Le problème des trois corps est gravement en défaut, en ce qu'il nous donne à la rigueur une cause pour le rappel du satellite sur l'écliptique ; mais étant dans l'impossibilité d'indiquer une force déviatrice, on ne comprend pas pourquoi l'astre persiste à maintenir son inclinaison en dépit de l'attraction exercée sur son plan ; une fois attirée vers l'écliptique, la lune n'a aucun motif pour en sortir, du moment que le soleil travaille sans cesse à l'y retenir. Cette considération, d'une importance indiscutable, nous fait toucher du doigt l'insuffisance de la théorie basée sur un facteur unique et l'erreur fondamentale d'un tel système.

Il faut nécessairement l'intervention de deux facteurs, l'un qui chasse la lune de l'écliptique, et l'autre qui cherche à l'y ramener, et même cela ne suffit pas ; il faut encore que l'un des facteurs soit doué d'une énergie croissante et décroissante, et en outre produise plus ou moins d'effet selon les différentes positions occupées par la lune sur son plan en face de la force motrice variable. On voit à quel point le problème est complexe, et combien à tous égards l'attraction solaire est insuffisante pour en donner la solution, quand même l'égale intensité des actions aux deux syzygies, égalité inexplicable par la force attractive, ne ferait pas rejeter, *à priori*, la théorie élevée sur ce facteur unique.

Le chapitre suivant nous montrera, dans la théorie astronomique, des impossibilités plus grandes encore.

VII

LIBRATIONS EN LATITUDE ET LONGITUDE.

Attractions et répulsions magnétiques. Libration latérale ou troisième libration magnétique; sa découverte et son action perturbatrice sur les deux autres.

Dans ce chapitre, nous allons nous occuper de phénomènes exclusivement magnétiques, mais qui ont une importance énorme au point de vue de la théorie des fluides, en ce qu'ils vont nous donner des preuves réellement mathématiques de sa vérité, preuves tellement précises et absolues que la réfutation n'en est pas même possible, car elles s'appuient sur des faits matériels que les astronomes les plus prévenus contre les idées nouvelles ne pourraient révoquer en doute.

On compte deux librations, l'une en *latitude*, et l'autre en *longitude*, mais nous ferons voir qu'il en existe encore une troisième que nous nommerons *latérale*. (Nous n'avons pas à nous occuper ici de la libration *diurne*, qui est en dehors des lois électriques puisqu'elle provient de la position de l'observateur à la surface du globe.)

Présentons d'abord la théorie astronomique avant de donner la véritable cause des librations.

La libration en *latitude* est attribuée à l'inclinaison d'un axe de rotation, laquelle permet de voir les taches sur le bord de l'hémisphère opposé à la planète, selon que le satellite passe d'un côté ou de l'autre de son orbite. Nous n'avons rien à reprendre à cette explication, puisque l'astre est réellement incliné, mais la théorie ne nous apprend pas la cause de cette inclinaison, et c'est en cela qu'elle pèche, car le hasard n'existe pas dans la nature, et aucun phénomène ne peut se manifester s'il n'a une loi pour origine. Pourquoi donc l'axe prend-il une telle position, et surtout pourquoi cet axe qui reste parallèle à lui-même pendant une révolution ne conserve-t-il pas son parallélisme, puisqu'il change de direction dans la période de 18 à 19 ans, c'est-à-dire qu'il suit la marche des nœuds ? Une telle régularité de mouvement doit avoir une cause particulière qui, ayant sa source dans la rétrogradation des nœuds, s'y rattache intimement.

La libration en *longitude* est expliquée par la différence de vitesse angulaire aux deux positions extrêmes de l'orbite, périgée et apogée, la lune, pendant ce temps, tournant sur elle-même d'un mouvement uniforme d'où résulterait un défaut de concordance qui ferait paraître les taches, tantôt en avance, tantôt en retard.

A première vue, cette explication semble rationnelle, mais elle est complétement inadmissible, pour ce seul motif qu'elle ne s'accorde pas avec les faits réels. Les librations étant invariables et formant un mouvement d'ensemble, autrement dit une oscillation unique très-régulière, comment ce mouvement d'ensemble pourrait-il se produire, puisque l'axe de rotation incliné qui donne lieu à l'un des balancements suit la rétrogradation des nœuds, laquelle se fait dans une période de dix-huit ans, deux tiers à peu près, tandis que la ligne des apsides, qui amène l'autre balancement, se déplace en neuf ans environ? Les deux phénomènes n'ayant aucune liaison et ne concordant pas, il est matériellement impossible d'expliquer à leur aide l'oscillation unique. Si l'on voulait établir une figure géométrique de la lune et de ses librations, en tenant fidèlement compte des effets produits sur les variations des taches par l'inclinaison de l'axe et la différence de vitesse angulaire au périgée et apogée, on n'obtiendrait qu'un dessin le plus extraordinaire et le plus irrégulier qu'il soit possible d'imaginer.

La vérité c'est que la variation des taches se règle, non sur la ligne des apsides, mais sur la marche des nœuds de la lune, seulement la théorie ne pouvait donner l'explication de ce phénomène qui est entièrement électrique.

Terminons nos observations en disant que le satellite ne saurait posséder une vitesse de rotation qui différerait un instant de son mouvement de translation. Si la lune avait une telle indépendance d'allure, il serait vraiment extraordinaire que ses deux attributs, translation et rotation, coïncidassent si merveilleusement que, depuis l'origine des temps, l'écart le plus infinitésimal ne se soit jamais manifesté entre eux et n'ait interverti l'ordre établi. Et il en est de même pour tous les satellites sans exception. Le hasard ne s'admet pas devant une loi générale si précise, et, si les deux mouvements ne se sont jamais mis en désaccord depuis la longue série des siècles, c'est qu'il existe une cause particulière qui influence ces petits astres ; ils n'ont pas d'axe de rotation, et leur centre de gravité reste tout simplement enchaîné à la planète, et ne se dérange partiellement et momentanément que si une force intervient pour le faire osciller, soit dans un sens soit dans l'autre.

La théorie des fluides nous donne une solution complète de tous ces phénomènes.

1° La libration en latitude.

La libration en latitude est due à l'action répulsive des courants terrestres qui réagissant sur ceux de la lune, la font non-seulement dévier de sa route, mais la forcent à s'incliner sur elle-même. Son centre de gravité se dérange, et, d'un côté du globe, s'écarte de l'écliptique, comme s'il en était repoussé, et, de l'autre côté, fait un mouvement identique en sens contraire, de sorte que l'inclinaison reste parallèle et décrit un angle constant de 6° 37′ avec le plan de l'orbite.

Les forces magnétiques représentant l'action des courants vont nous expliquer ce mécanisme.

Les fluides dynamiques de la terre et de la lune ont un enroulement semblable qui leur fait présenter leurs pôles magnétiques similaires vers les mêmes points du ciel ; en conséquence, ces pôles se repoussent mutuellement.

Sur l'écliptique seule, l'équilibre est parfait, les

deux répulsions réciproques du nord et du sud s'y neutralisant exactement, mais l'équilibre se rompt aussitôt que la lune quitte le plan, car elle entre alors sous l'influence prépondérante de l'hémisphère boréal ou sous celle de l'hémisphère austral terrestre.

L'aiguille aimantée nous donne l'exemple d'un phénomène analogue, mais inverse. En équilibre sur l'équateur magnétique, elle s'incline vers le pôle nord ou le pôle sud, à mesure qu'elle s'éloigne de cet équateur : il y a attraction, les pôles étant différents.

Il y a, au contraire, répulsion pour le satellite qui tourne des pôles de même nom vers ceux de sa planète, et il se penche en arrière du pôle dont il s'approche.

Voici ce qui se passe exactement dans une lunaison.

La terre est un solénoïde dont les pôles boréal et austral sont constamment séparés par une ligne neutre qui est le plan de l'écliptique (Voir chap. IV).

Le satellite se trouvant à l'un des nœuds, c'est-à-dire sur l'écliptique, la force répulsive est équilibrée ; à ce moment le centre du disque est sur le plan et coïncide avec lui, mais aussitôt que l'astre se porte vers l'hémisphère boréal de la planète, le centre de gravité commence à se déranger, et la lune s'incline en arrière, parce que son *pôle austral est attiré, et son pôle boréal repoussé.* Au nœud suivant, le centre coïncide de nouveau avec l'écliptique, puis l'astre entre sous l'influence du pôle terrestre austral et s'incline de rechef, mais en sens opposé (figure 6).

Comme la lune en parcourant son orbite ramène toujours la même face vers sa planète, elle semble

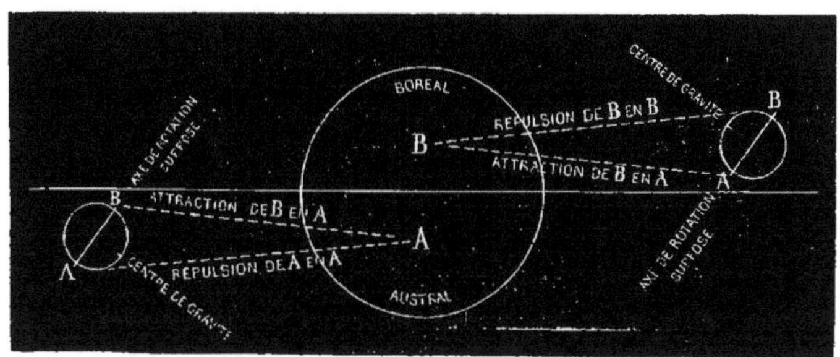

Figure 6.

pivoter autour d'un axe de rotation incliné, lequel aux nœuds se présenterait transversalement à la terre, en reportant le centre sur l'écliptique, ainsi que celui de notre globe s'offre au soleil aux équinoxes.

A chaque révolution il existe donc dans l'orbite deux points (nœuds) où le milieu du globe lunaire coïncide avec l'écliptique, et deux positions intermédiaires (sommets de l'orbite) où le centre de gravité est toujours dérangé en sens opposé, ce qui donne un parallélisme. Il est facile, d'après cela, de comprendre le mécanisme qui fait changer de direction l'axe de rotation pendant la période de 18 à 19 ans, car il suit naturellement la marche rétrograde des nœuds où l'équilibre électrique se rétablit.

2° La libration en longitude.

La libration en longitude tend à faire opérer au satellite un mouvement de conversion sur lui-même ou inclinaison vers l'est ou l'ouest, selon qu'en quittant l'écliptique, il entre sous l'influence plus grande des courants de l'hémisphère boréal ou de l'hémisphère austral.

Pour comprendre ce phénomène examinons ce qui se passe dans l'expérience d'Œrsted : l'aiguille aimantée dévie vers l'est ou vers l'ouest, selon qu'un courant ascendant ou descendant est mis en face de son pôle austral, et réciproquement elle dévie vers l'ouest ou vers l'est, si le courant ascendant ou descendant regarde son pôle boréal ; si l'aiguille est fixe et le courant mobile, ce sera alors celui-ci qui s'écartera vers l'ouest ou vers l'est, cherchant à se mettre en croix avec l'aimant.

Ces actions diverses dérivent d'un seul principe : deux courants parallèles de même sens s'attirent, et deux courants de sens inverse se repoussent.

Les courants des deux astres étant inverses cherchent à se repousser mutuellement, et la lune s'efforce de faire un mouvement de conversion sur elle-même, afin de pouvoir offrir à sa planète des fluides de même sens au lieu de fluides de sens inverse, sous l'action des pôles terrestres boréal ou austral, comme dans l'expérience d'Œrsted.

La libration en longitude est donc une répulsion magnétique de part et d'autre d'un méridien, et nous allons en expliquer le mécanisme.

Sur l'écliptique, c'est-à-dire aux nœuds, l'équilibre se maintient parce que les deux pôles terrestres boréal et austral se neutralisent, l'un cherchant à faire tourner la lune dans un sens, et l'autre dans un sens opposé, comme nous le démontre l'expérience d'Œrsted, lorsqu'on présente à un courant le pôle boréal, puis le pôle austral de l'aiguille.

Mais le satellite ne reste pas sur l'écliptique, et dès qu'il passe au-dessus ou au-dessous du plan, l'équilibre se rompt, et l'une des deux forces l'emporte alternativement sur l'autre.

Ainsi à l'un des nœuds, le centre du disque coïncide avec la ligne droite qui joint les deux astres, mais quand la lune entre sous l'influence du pôle terrestre boréal, le centre de gravité commence à se déranger pour atteindre le maximum de déviation au point culminant de l'orbite, comme dans la libration en latitude, puis il revient sur ses pas, et l'équilibre se rétablit au nœud descendant ; la lune passe alors de l'autre côté de l'écliptique et oscille de nouveau, et en sens opposé, sous l'action des fluides de l'hémisphère austral.

3° La libration latérale ou troisième libration magnétique.

La libration en longitude ayant une amplitude totale de 4',20", et celle en latitude seulement de 3',35", il y a anomalie, car les forces électriques agissant toujours avec la précision la plus absolue, les oscillations en hauteur et largeur du disque devraient logiquement avoir la même intensité, puisque la lune s'écarte de l'écliptique de cinq degrés pour chaque balancement. Devant une différence aussi sensible, nous avons été convaincu qu'il existait là une cause perturbatrice inconnue qu'il fallait découvrir.

Nos recherches nous ont, en effet, fait trouver une troisième libration de même valeur que les deux premières, mais qui était restée inaperçue parce qu'elle se confond dans leur résultante; les chiffres pouvaient seuls la révéler.

Voici en quoi consiste la troisième libration :

Nous avons vu que, sous la répulsion des courants terrestres, la lune oscillait en hauteur et en largeur de l'hémisphère qui nous regarde, cherchant ainsi à faire un double mouvement de conversion sur elle-même : or, la répulsion électrique ne se borne pas à cette action, et tend à opérer un troisième mouvement de conversion, soit sur les faces latérales du satellite qui s'efforce de présenter à sa planète des pôles de nom contraire au lieu de pôles de même nom, absolument comme une aiguille qui, maintenue de force en sens opposé de sa direction naturelle, tend à pivoter sur son point de suspension pour y revenir.

La troisième libration se fait en conséquence sur chaque hémisphère latéral alternativement, et possède une intensité pareille à celle des deux autres. Appelons Z un point situé au milieu d'un côté de la lune, et X un point au milieu de l'autre côté; aux nœuds, l'équilibre est parfait, et Z et X sont sur le plan ; mais aussitôt que l'astre se porte vers l'hémisphère nord de la terre, il s'incline sur le flanc, et Z passe au-dessous du plan de l'orbite, c'est-à-dire qu'une tache partant du pôle boréal s'avance dans la même direction que Z ; le satellite se redresse au nœud suivant, puis s'incline de nouveau sur le flanc opposé, mais du côté inverse, c'est-à-dire que X passe au-dessus du plan de l'orbite, et une tache partant du pôle austral suit la même route que X.

On voit que la troisième libration se confond dans la résultante des deux premières et donne une direction unique, phénomène dont on a tiré parti pour le galvanomètre. En effet, si dans l'expérience d'Œrsted, on dispose deux courants, l'un ascendant, l'autre descendant vis-à-vis du pôle austral de l'aiguille, il y a équilibre; supprimons le courant descendant et le pôle déviera vers l'est. De même, en face du pôle boréal enlevons le courant ascendant, et ce pôle déviera vers l'ouest, mais en somme l'aiguille s'incline dans une direction unique. Il en est de même lorsque le rhéomètre est influencé par les pôles boréal et austral de deux aimants fixes disposés de manière que ceux de l'aiguille regardent des pôles de nom semblable ; placée entre les aimants à contre-sens de son ordre naturel, elle tournera sur elle-même pour se mettre à l'unisson des deux aimants, mais la répulsion, exercée à la fois par leurs pôles boréal et austral, fait tourner l'aiguille en lui donnant la même impulsion.

Ce phénomène est exactement semblable à celui qui se produit quand la lune quitte l'écliptique. Au-dessus du plan, son pôle boréal est influencé par le pôle terrestre du même nom, et elle se penche sur l'un de ses flancs pour offrir à notre globe un pôle de nom contraire absolument comme l'aiguille pivote sur son point de suspension. L'astre se redresse en se rapprochant du nœud, car il échappe ainsi de plus en plus à l'influence du pôle de la planète ; puis il passe au-dessous de l'écliptique, et sous l'action du pôle austral le même phénomène se reproduit. Le sens de déviation se fait dans une direction unique, parce que les deux pôles magnétiques terrestres agissent alternativement sur les deux hémisphères opposés de la lune, tandis que pour la libration en longitude, ces pôles n'exercent successivement leur action que sur le même hémisphère.

En résumé, la terre, en influençant tour à tour la lune de chaque côté de l'écliptique, agit sur elle comme un aimant sur une aiguille qui dévie si l'on approche progressivement chaque pôle boréal l'un de l'autre ; puis ces pôles étant éloignés de tout le chemin parcouru, l'aiguille reprend sa position normale pour en dévier de nouveau et dans le même sens, si l'on approche chaque pôle austral.

La vérité de la théorie des fluides est ainsi confirmée : car chaque libration, dans sa manière d'agir, obéit strictement aux lois de l'électricité, ainsi que nous venons de le démontrer. Le lecteur nous pardonnera si nous nous sommes étendu un peu longuement sur ce sujet, mais il était de la dernière importance de faire ressortir le rapport qui unit les trois balancements aux lois électriques, si variées, mais si précises.

Démonstration de la libration latérale.

Ce n'était pas tout d'expliquer la troisième libration par les lois mêmes de l'électricité, il nous fallait en trouver la preuve et la démonstration dans les lois de la mécanique, et la voir cadrer avec la figure géométrique des librations dans leur mouvement d'ensemble, ou nous n'avions mis en avant qu'une simple hypothèse réfutable par les faits eux-mêmes, si les trois mouvements ne coïncident pas suivant la théorie mécanique. Or, c'est cette preuve du phénomène que nous allons présenter au lecteur.

Les trois librations, de même intensité, forment un mouvement d'ensemble qui doit être décomposé.

Si les deux librations en latitude et longitude existaient seules, le centre lunaire C se porterait, sous un angle de 45°, de C en P, diagonale égale à la résultante CD entre les deux balancements réels; mais si, pendant qu'il se dirige vers P, l'astre s'incline en même temps sur l'un de ses flancs, le centre lunaire, au lieu d'arriver en P, suivra une nouvelle route que nous trouverons mathématiquement, en mesurant au bord du disque une ligne égale à la moitié de la diagonale CP.

En effet, la puissance électrique qui donne la déviation latérale se fait sentir, à cause de la forme ronde du disque, tangentiellement sur l'extrémité de la ligne CP prolongée comme rayon sous l'angle de 45°. En mécanique, elle est la diagonale de deux forces agissant en hauteur et en largeur du globe lunaire pour en amener l'inclinaison; ces forces sont donc parallèles à celles qui produisent les oscillations en latitude et en longitude, et nous pouvons former avec celles-ci un carré dont les deux diagonales se couperont à angles droits;

mais deux des côtés du carré ne sont en somme que les composantes d'une seule et même puissance, tandis que les deux autres côtés, formés par les librations en latitude et longitude, représentent une force double. Il en résulte que, géométriquement, nous ne devons prendre que la moitié de leur résultante pour celle de l'inclinaison latérale, soit la moitié de CP.

Cette longueur étant mesurée au bord du disque, à partir de la ligne CP prolongée comme rayon, soit de P′ en M, nous donne la valeur exacte dont le globe lunaire peut se pencher sur son flanc, et une autre ligne, menée de M au centre de l'astre, rencontrera *précisément* en D le point d'intersection des deux librations en latitude et longitude, et CP est devenu CD. Donc l'oscillation en latitude n'a pu avoir tout son développement et a perdu la quantité dont bénéficie celle en longitude.

L'amplitude totale en longitude est de 4′20″, et celle en latitude de 3′,35″; ce qui fait une différence de 45″. Les deux librations, étant égales, devraient donc avoir chacune 3′,57″,5, mais à cause du mouvement déviatoire occasionné par l'action latérale, la libration en latitude perd 22″,5 et devient 3′,35″; celle en longitude gagne 22″,5 et donne 4′,20″. Ainsi les chiffres fournis par l'observation cadrent rigoureusement avec le plan géométrique, et D est le point précis où devait aboutir la résultante des deux premières forces sous l'influence perturbatrice de la troisième. La preuve de la libration latérale est donc obtenue par les lois de la mécanique et celles de la géométrie ; quant à nous, notre confiance était tellement absolue dans la justesse du principe des forces électriques, qu'en décrivant la diagonale, après avoir reconnu qu'il existait nécessairement une troisième oscillation, nous étions sûr d'avance de son passage au point d'intersection D, mais la confirmation mathématique de notre découverte ne nous en a pas moins vivement ému en voyant se réaliser nos prévisions, et s'expliquer l'anomalie qui nous avait frappé.

Amplitude constante des librations.

Il y a corrélation intime entre la valeur des librations, l'oscillation des nœuds et la nutation de l'orbite, c'est-à-dire que, à cause de la nutation, l'amplitude des librations devrait être tantôt un peu plus grande, tantôt un peu plus petite, mais elle est régularisée par l'oscillation des nœuds qui dans leur marche rétrograde sont en retard ou en avance, selon que varie l'écart entre les deux plans.

En effet, l'axe de rotation (*) ne conserve pas la même direction dans l'espace, et se déplaçant insensiblement, il prend, au bout de la moitié de la période de dix-huit à dix-neuf ans, une position inverse, et décrit ainsi un cône de révolution dont deux côtés opposés font un angle d'environ 13 degrés l'un avec l'autre. Le globe lunaire agit donc comme s'il opérait, à chaque lunaison, un petit mouvement de conversion sur son axe incliné ; or, ce mouvement qui se confond dans l'amplitude des librations et en altère légèrement la valeur réelle, est avancé ou retardé par l'oscillation des nœuds, car c'est aux nœuds que se rétablit l'équilibre électrique, et par conséquent c'est sur leur marche que se règle le changement de direction de l'axe, changement qui se fait un peu plus tôt ou un peu plus tard, suivant que la rétrogradation est avancée ou retardée. Il en résulte que l'angle décrit par l'axe de rotation avec le plan lunaire reste constant au lieu de s'agrandir ou de diminuer, comme

(*) Il n'y a pas d'axe de rotation, mais un simple déplacement du centre de gravité. Cependant, comme cette hypothèse représente mieux les faits à l'esprit, nous nous servirons de l'expression; toutefois nous devions faire nos réserves quant à la réalité du phénomène.

cela arriverait nécessairement si les nœuds n'oscillaient pas de côté et d'autre de leur position moyenne. La nutation de l'orbite cadrant elle-même avec l'oscillation des nœuds, les actions produites se compensent exactement, et en somme l'amplitude des librations demeure invariable.

Preuve de la théorie des fluides fournie par les librations.

Si le lecteur a parcouru avec quelque intérêt les chapitres précédents et réfléchi sur les phénomènes dont le panorama s'est déroulé sous ses yeux, il aura compris que les preuves de la théorie s'accumulaient de plus en plus, et formaient un tout d'une logique irrésistible. Les librations surtout ne peuvent laisser le plus petit doute dans l'esprit, car les faits sont indiscutables. Pour chaque libration, le centre du disque revient à sa position normale aux nœuds et se dérange à mesure que l'astre quitte le plan de l'écliptique. Il est donc matériellement impossible de les expliquer en dehors des lois de l'électro-magnétisme; leur mouvement d'ensemble s'oppose absolument à l'admission de l'ancienne théorie, puisque les deux phénomènes invoqués ne concordent en aucune façon. Un agent unique peut seul donner une oscillation d'ensemble, et cet agent d'une précision extraordinaire est l'électricité qui joue le rôle de force motrice pour la translation des satellites. Nous continuerons à interroger les faits; plus nous le ferons, plus ils répondront dans le même sens.

VIII

VARIATIONS DE L'ORBITE LUNAIRE AU PÉRIHÉLIE ET A L'APHÉLIE.

Échauffement et refroidissement.

L'orbite de la lune se dilate quand la terre est à son périhélie, et se contracte à l'aphélie.

Ces variations annuelles sont attribuées dans la théorie astronomique à un soulèvement de la part du soleil. L'hypothèse n'en est pas admissible, parce qu'une attraction ne pourrait agrandir l'orbite que du côté de l'astre du jour et non du côté opposé, comme nous l'avons démontré. De plus, dans les variations de l'orbite, au périhélie et à l'aphélie, la dilatation et la contraction se feraient sur le parcours entier d'après la théorie, et cependant pour les variations mensuelles, le soleil n'exerce une dilatation qu'aux syzygies et non aux quadratures. Comment expliquer cette bizarrerie? En somme il y a là un défaut de logique dans la théorie, puisque les deux phénomènes sont attribués à la même cause, l'attraction solaire, et devraient produire des effets identiques.

En réalité, les variations annuelles ne sont pas dues à l'attraction, et proviennent simplement de l'augmentation et de la diminution de chaleur que la terre et son satellite éprouvent tous deux au périhélie et à l'aphélie. Ainsi que nous le prouve le thermo-multiplicateur de Melloni dans les expériences faites au sujèt de l'électricité thermale, le développement des fluides est proportionnel à la puissance du calorique; par conséquent, la force des rayons solaires variant en plus ou en moins aux deux points extrêmes de l'orbite, les courants terrestres et lunaires acquièrent également plus ou moins de tension; la répulsion entre les deux astres s'accroît et les fait éloigner l'un de l'autre au périhélie; le contraire a lieu à l'aphélie. La force électrique agissant en raison inverse du carré des distances, la vitesse de marche diminue en même temps que la distance augmente, phénomène qui s'observe constamment dans les lois de la gravitation, tant pour les planètes que pour les satellites; réciproquement la vitesse s'accélère quand l'astre se rapproche.

On voit avec quelle précision s'enchaînent tous

les faits. Nous avions dit que la terre recevait plus de chaleur dans son sein, lorsqu'elle se trouvait à une distance moindre du soleil, et se refroidissait quand elle s'en éloignait. Or, cette vérité, qui n'est pas même discutable, puisqu'elle résulte des lois les plus élémentaires de la physique (la puissance du calorique agit en raison inverse du carré des distances), cette vérité se trouve confirmée par la variation de l'orbite lunaire qui se dilate, comme les molécules de la matière se séparent par l'effet d'un accroissement de chaleur. Nous pouvons voir de plus qu'il y a toujours concordance entre le degré de force du calorique et celui de l'électricité, loi corroborée par toutes les expériences thermo-électriques.

IX

NUTATION DE L'AXE TERRESTRE.

Réaction lunaire.
Variation de la base du cône de révolution.

Le lien électrique qui unit les deux astres nous est encore confirmé d'une manière éclatante par la nutation de l'axe terrestre, car le balancement cadre avec la rotation du plan lunaire et se fait comme la rétrogradation des nœuds dans la période de 18 à 19 ans.

Pour un même point du globe, la lune, pendant la période, passe au-dessus et au-dessous de l'écliptique et exerce une influence électrique sur la planète qui, naturellement, éprouve le maximum de déviation lorsque le plan de l'orbite est le plus éloigné de celui de l'écliptique ; de là, l'oscillation de l'axe qui s'écarte ou se rapproche selon la position du plan, et décrit un petit cône de révolution.

La réaction électrique faisant le tour du globe pendant la durée de la rétrogradation des nœuds, le cône décrit devrait être logiquement à base circulaire, mais il est à base elliptique; le grand axe de l'ellipse est de 19″,3, et le petit axe de 14″,4. La différence est assez sensible, et l'anomalie nous prouve que la force à laquelle est due la nutation rencontre un obstacle plus ou moins grand, à intervalles réguliers.

L'ancienne théorie ne peut donner une cause réellement sérieuse de la variation de la base du cône, et nous avons été longtemps sans en découvrir l'origine, mais nous avons enfin compris qu'elle devait résulter du passage de la lune, dans sa plus grande déviation, devant un équinoxe ou devant un solstice.

Comme nous l'avons expliqué (1re part., ch. IV), l'inclinaison de l'axe est amenée par l'inégale pénétration des rayons solaires dans le sein de la planète, en vertu de la distribution particulière des terres et des océans, au nord et au sud. L'eau possédant une très-grande capacité calorifique et une très-faible conductibilité pour la chaleur, l'hémisphère austral qui contient la majeure partie des mers conserve dans les molécules liquides une portion du calorique, et le laisse entrer ou sortir difficilement du sein de la planète ; l'hémisphère boréal, au contraire, renferme la majorité des continents, et les rayons solaires y pénètrent ou en sortent plus facilement ; il est donc, relativement à la face méridionale, toujours ou *trop réchauffé ou trop refroidi ;* de là, une position instable du centre de gravité vers le soleil, et pour rétablir l'équilibre continuellement dérangé dans un sens ou dans l'autre, le globe opère un mouvement de bascule de même intensité (23° 1/2) de chaque côté d'une ligne perpendiculaire au plan de l'écliptique, laquelle serait sa direction normale s'il n'existait pas de cause perturbatrice.

L'inclinaison s'est produite sous cette influence. Le va-et-vient du balancement est évité, il est vrai, par le parallélisme de l'axe terrestre qui, de cette manière, peut tourner alternativement chacune de ses extrémités à la lumière, et permet à l'hémisphère boréal de se refroidir quand il est trop réchauffé, ou de se réchauffer lorsqu'il est trop refroidi, mais la force n'en existe pas moins, et se fait sentir sur l'astre absolument comme si le mouvement de bascule nécessaire au rétablissement de l'équilibre rompu avait lieu effectivement de chaque côté de la normale.

Or, le sens du balancement a toujours lieu dans

la même direction, c'est-à-dire d'un solstice à l'autre, et se réglant sur les différents degrés de chaleur intrinsèque de l'hémisphère boréal, se fait avec une grande régularité, et oppose une résistance à toute force qui voudrait accélérer ou retarder le mouvement. L'axe terrestre se déplace donc plus difficilement aux solstices, car il y a lutte entre l'action électrique lunaire et la puissance calorifique qui produit l'oscillation de 23° 1/2. Aux équinoxes, la réaction du satellite ne se faisant pas sur la ligne du mouvement de bascule, la résistance est moindre, et l'axe se déplace davantage.

En effet, le plus grand diamètre de l'ellipse correspond *exactement* aux équinoxes, et le plus petit aux solstices; une pareille coïncidence serait vraiment extraordinaire si elle n'était due qu'au hasard; mais elle se fait si fidèlement que le grand axe se retrouve toujours au nœud ascendant du printemps quand finit la période. Lorsque le nœud se présente à un équinoxe, le sommet du plan regarde un solstice ; or, comme le petit axe de l'ellipse est déterminé par le solstice, naturellement le grand axe cadre avec les nœuds de l'équinoxe.

L'exactitude mathématique du phénomène vient ainsi confirmer l'hypothèse que nous avions indiquée pour l'inclinaison des pôles, et en dehors de cette action, aucune raison valable ne pouvant être trouvée pour expliquer la variation de la base du cône, il faut bien admettre que les deux phénomènes se relient l'un à l'autre, et confirment la loi de l'inégale pénétration des rayons solaires dans le sein de la terre.

La rotation du plan lunaire, par suite de la rétrogradation des nœuds, change légèrement le véritable rapport entre les deux diamètres de l'ellipse, c'est-à-dire qu'une force empiète sur l'autre, d'où il résulte que la valeur de la nutation est invariable. Nous avons déjà donné une explication du fait pour les librations ; il est dû à ce que les nœuds oscillent, et sont tantôt en avance, tantôt en retard de leur position moyenne, en même temps que l'écart entre les deux plans varie pendant la période de 18 à 19 ans. Sans cette oscillation des nœuds, la nutation de l'orbite lunaire se ferait sentir sur le balancement de l'axe, qui éprouverait une légère variation dans son amplitude.

X

PRÉCESSION DES ÉQUINOXES.

Réaction lunaire.

La précession des équinoxes est due, comme la nutation de l'axe, à un effet de réaction électrique. L'ancienne théorie l'attribue à une action du soleil sur le renflement de l'équateur qui rétrograderait comme la lune par ses nœuds ; mais la terre, malgré un léger aplatissement aux pôles, ne peut donner prise à une semblable action. En réalité, la précession est due à une réaction. La planète entraîne son satellite dans son orbite, et le fait tourner autour d'elle ; elle déploie donc dans ce but une force mécanique qui a son contre-coup et se traduit par un léger recul. De son côté, la lune, par ses fluides électriques, prend un point d'appui sur le globe et tend à le faire pivoter en sens opposé de son mouvement de rotation. Une réaction correspond toujours à l'action dans le mécanisme des forces électriques, et ce phénomène se fait sentir sur la terre et produit la rétrogradation de l'axe qui décrit un cercle entier dans une période de vingt-six mille ans environ.

XI

PHÉNOMÈNE DES MARÉES.

Anomalies de la théorie par l'attraction. Induction lunaire.

Jusqu'à présent on avait dû attribuer le soulèvement des eaux à l'action combinée de la lune et du soleil, car celui-ci semble aider ou contrarier le phénomène suivant sa position aux diverses phases.

Le soleil exerce, il est vrai, une influence décisive sur les marées, puisqu'il est l'origine des fluides, mais son action n'est pas directe et ne se fait que par l'intermédiaire de la lune en y développant des courants électriques.

La théorie des marées donnée en astronomie présente des anomalies trop extraordinaires pour ne pas frapper vivement l'attention de toute personne qui voudra examiner de près ce phénomène.

D'abord, l'attraction universelle s'exerce sur l'ensemble de la planète et non de préférence sur tel élément de sa surface, car si tous les corps qui en font partie venaient à tomber tout à coup sur la lune, ils y arriveraient ensemble, en conservant seulement dans la chute leur distance initiale; or, la terre et son satellite sont dans un état de chute continuelle, puisqu'ils s'attirent. La mer ne peut donc s'écarter du globe sous l'attraction, comme le prouve surabondamment l'immobilité de l'atmosphère.

Anomalie inexplicable : si les eaux, à cause de leur fluidité, avaient le pouvoir de s'élever, pourquoi l'air ne se soulève-t-il pas, lui qui, beaucoup plus fluide et plus mobile, plus rapproché de la lune et présentant une surface bien autrement considérable, réunit toutes les conditions pour obéir facilement à une attraction? Or, il ne bouge nullement, et ce fait étrange a toujours étonné les observateurs qui, n'en pouvant trouver le motif, ont cherché à se faire illusion et ont dit, en désespoir de cause, que la marée atmosphérique étant de $0^{m},74$ comme la mer, le baromètre pouvait rester insensible à cette différence minime.

Les lois de la mécanique s'opposent absolument à une pareille interprétation du phénomène, car une force capable d'élever un kilogramme à un mètre de hauteur, élèverait à 773 mètres un poids 773 fois plus léger; ce n'est donc pas de $0^{m},74$, mais bien de 572 mètres que l'air se soulèverait, et non pas l'air des couches raréfiées, mais celui des couches denses (l'air raréfié s'élèverait à une hauteur proportionnelle à sa légèreté). Le baromètre si sensible aux moindres variations de la colonne atmosphérique ne pourrait rester muet devant une pareille dépression; donc la théorie est complétement en défaut. L'air n'obéit pas à l'action de la lune et nous prouve que l'attraction n'est pour rien dans les variations de l'océan.

Une autre anomalie, bien plus extraordinaire encore, vient compliquer le problème. L'attraction, si cela était possible, soulèverait à la rigueur les eaux de la surface exposée directement à son influence, mais par quelle dérogation aux lois de la mécanique pourrait-elle élever celles de l'hémisphère opposé? La force attractive agit dans un sens déterminé, et ne donne pas lieu à deux actions contraires. Une seule marée devrait donc exister par jour, et il y en a deux!

Dans la conviction que le phénomène était dû à l'attraction universelle, on a cherché tous les arguments qui pouvaient expliquer le double gonflement, et on a dit qu'il était occasionné simultanément par une action directe à la surface et par une autre sur le centre de la terre, plus attiré que la couche liquide de l'hémisphère opposé. Sans nous arrêter à ce qu'il y aurait d'extraordinaire dans ce spectacle bizarre d'un astre attiré tout entier, moins les eaux de l'une de ses superficies, nous dirons que la théorie est en contradiction formelle avec le principe même de l'attraction, qui agit en raison inverse du carré des distances et ne peut par conséquent produire des effets identiques à travers toute l'épaisseur du globe. Le soulèvement sur la face qui regarde le satellite devrait être le plus fort, l'action sur le centre beaucoup plus faible, et enfin la marée indirecte infiniment inférieure à la marée directe, en supposant qu'il pût s'en former une sur l'hémisphère opposé, chose naturellement impraticable.

La parfaite égalité des deux soulèvements doit donc nous ouvrir les yeux, *si nous tenons à connaître les véritables lois de la nature,* et nous faire comprendre que là encore la théorie est complétement en défaut.

Troisième anomalie. Si la pesanteur était cause de la variation du niveau des mers, leur plus grande élévation devrait se faire là même où passent les deux astres lors de leurs déclinaisons, lesquelles, par rapport à l'équateur, vont jusqu'à 28 degrés et demi pour la lune et 23 degrés et demi pour le soleil, et, sur ces latitudes, il devrait forcément exister une grande différence de niveau entre deux pleines mers consécutives ; or, l'observation montre qu'il n'en est rien, et que la différence est insignifiante.

La pierre de touche d'une théorie est dans l'explication de tous les faits sans exception; nous allons voir si celle des fluides qui a déjà porté la lumière sur tant d'autres phénomènes inexplicables, nous dévoilera aussi le mystère des variations de l'océan.

En effet, avec l'électricité, toutes les anomalies tombent à la fois, et les moindres faits resplendissent de clarté.

1° Les marées coïncident, non avec le passage du soleil au méridien, mais avec celui de la lune, parce que les fluides induits suivent naturellement les mouvements de l'astre inducteur qui met un intervalle de 24 heures 50 minutes entre deux de ses passages au méridien; l'intervalle entre deux pleines mers est en conséquence de la moitié, soit environ 12 heures 25 minutes.

2° L'air reste impassible sous l'action lunaire, car l'électricité dynamique suit, comme le veulent les lois physiques, la surface de l'immense conducteur terrestre. L'atmosphère demeure en dehors du phénomène.

3° Deux pleines mers se suivent après un intervalle de 12 heures 25 minutes, autrement dit la marée est double, parce que l'induction se répète nécessairement de chaque côté du globe; par son influence, la lune fait surgir deux pôles électriques qui se déplacent en même temps qu'elle à la surface de la planète.

4° Il n'existe pas de différence entre deux pleines mers consécutives sur les latitudes où se portent le soleil et la lune dans leurs déclinaisons, parce que l'induction électrique, ou réaction mutuelle des fluides continus, est due au pivotement de la terre sur son axe, et, par suite, le plus grand développement de cette induction a lieu vers l'équateur, où la vitesse de la rotation diurne est plus marquée à la superficie de la planète, tandis qu'en s'avançant vers les pôles le pivotement est de moins en moins sensible. Néanmoins le plus fort soulèvement se fait aux syzygies de l'équinoxe quand la lune, passant sur le plan, a plus de puissance pour induire les points de l'équateur où les fluides se développent le mieux.

5° L'inégalité des marées aux syzygies et aux

quadratures est due à la différence de tension des fluides continus qui produisent l'induction.

Nous avons appris dans les chapitres précédents que le maximum de tension des courants continus est au milieu des hémisphères éclairé et obscur; par conséquent, l'induction atteint sa plus grande énergie aux syzygies, où la lune tourne vers la terre l'un de ses hémisphères complétement illuminé ou obscurci. Le niveau des mers varie de $0^m,74$.

Aux quadratures, l'induction donne son minimum de force, parce que le satellite ne présente alors à sa planète que la ligne d'intersection de ses hémisphères éclairé et obscur. Le niveau varie de $0^m,26$ seulement.

Nous avons déjà vu le pareil phénomène se produire dans les variations de l'orbite lunaire selon que l'astre se trouve à une syzygie ou à une quadrature. Il y a là une analogie remarquable.

L'influence étant *réciproque* entre les deux astres, les effets de l'induction donnent leur plus grande puissance et agissent sur les eaux lorsque le satellite passe au méridien, mais ils sont la résultante des actions produites sur l'ensemble d'un hémisphère; une mer intérieure n'a pas de marée. Le phénomène se passe comme si deux pôles électriques s'offraient l'un à l'autre à la superficie de la terre et de la lune, et l'induction se répète sur l'hémisphère opposé.

L'explication des marées par les fluides est certes l'une des preuves les plus considérables de la théorie nouvelle, car tous les faits qui s'y rattachent sont des phénomènes électriques, et ne peuvent se comprendre par le système de l'attraction qui est rempli d'anomalies extraordinaires et n'est pas soutenable un instant.

XII

SATELLITES DES GRANDES PLANÈTES.

Perturbations planétaires.

Les lois qui régissent les satellites des autres planètes sont identiques à celles de la lune, et ils tournent le même hémisphère vers leur astre central, comme nous le prouve la variation périodique de leur éclat ; or, cette différence d'éclat provient évidemment de ce que l'une des faces est plus dense et réfléchit plus de rayons lumineux que l'autre face qui, moins dense, les absorbe davantage. L'observation est générale et vient ainsi confirmer l'hétérogénéité produite sur tous les satellites par l'attraction des matières lourdes vers la planète, et la cause qui tient enchaîné leur centre de gravité.

Lorsqu'il y a plusieurs satellites, ils se distancent nécessairement suivant leurs densités respectives, et, par conséquent, leurs capacités calorifiques, un attribut étant en raison inverse de l'autre. Plus la chaleur spécifique d'un astre est grande, plus il s'éloigne du point d'attraction, car l'intensité électrique est proportionnelle au degré de puissance des rayons solaires dans son sein. La rapidité de marche est, d'après les lois de Képler, en raison du rapprochement, l'énergie des fluides croissant comme le carré de la distance.

Quant à l'inclinaison des orbes et à leur rapport envers le plan de l'écliptique, il ne peut y avoir d'analogie avec la lune; en effet, les conditions sont tout à fait différentes, ainsi que nous allons le démontrer.

Nous avons vu que l'aiguille aimantée fait naître des courants d'induction sur un disque tournant, bon conducteur, mais l'énergie de ces fluides est liée intimement à la vitesse de rotation du disque; s'il tourne lentement, l'aiguille oscille à peine, et elle n'est entraînée que si la rapidité du pivotement augmente.

Or, il existe une grande différence entre la vitesse de rotation diurne de la terre et celle des planètes à cortége; par conséquent, il y a également une grande différence dans l'énergie de leurs fluides d'induction et la part qui leur revient dans la translation satellitaire.

La terre a un volume plus petit que celui des planètes supérieures, et, de plus, elle pivote lentement sur elle-même : c'est pourquoi les courants d'induction que sa rotation fait naître, sensibles comme résultante sur l'ensemble d'un hémisphère tout entier, sont cependant extrêmement faibles à côté des fluides continus dont la réaction répulsive, occasionnée par le mouvement diurne sur les courants continus de la lune, projette celle-ci sur le plan de l'écliptique ; ils n'ont donc pas d'influence pour l'inclinaison de l'orbite.

Il en est tout autrement pour les planètes à cortége; elles exercent à cause de leur masse une telle attraction sur leurs satellites qu'ils ne pourraient probablement pas se maintenir, si les courants d'induction, leur sauve-garde, ne venaient renforcer considérablement l'action des fluides continus. Ces planètes, extrêmement grosses, tournant rapidement sur elles-mêmes, la vitesse du pivotement *à leur surface* est si grande que les courants induits peuvent rivaliser avec les fluides continus, parce que leur tension ressemble à celle de l'électricité statique, et s'accroît énormément en raison de la vitesse de rotation. L'inclinaison des orbes s'en ressent, et les satellites, projetés vers l'équateur par les courants d'induction qui y ont leur maximum de puissance et sollicités en même temps vers l'écliptique par les fluides continus qui y possèdent leur plus grande tension, ne peuvent qu'osciller entre les deux plans.

Les anneaux de Saturne soumis à des fluides induits d'une force prodigieuse, tournent à peu près dans le plan de l'équateur avec une extrême vitesse qui ne diffère guère de celle de la planète. Quant à ses satellites, ils éprouvent la réaction des courants d'induction de l'anneau à cause de leur énergie extraordinaire, et par suite, sont obligés de se mouvoir à peu près dans le même plan; cependant ils échappent progressivement à l'influence de l'anneau en raison de leur éloignement, surtout le dernier qui, se maintenant à une distance excessive de sa planète, se rapproche davantage de l'écliptique.

Tous les satellites, quel que soit le degré d'inclinaison de leurs orbites, n'en passent pas moins alternativement de chaque côté de l'écliptique et subissent les influences magnétiques, qui sont combattues d'autant plus énergiquement que la force centrifuge des courants d'induction vient s'ajouter à celle des fluides continus.

Perturbations planétaires.

Les planètes sont trop éloignées les unes des autres et leur vitesse de marche trop grande pour que la cause réelle de leurs perturbations puisse être attribuée à la simple force attractive. Il ne saurait être douteux que ces globes armés pour leur défense de puissants fluides électriques, et pivotant sur eux-mêmes, agissent et réagissent mutuellement à l'aide de ces fluides capables de donner une si vive impulsion aux satellites, c'est-à-dire qu'ils cherchent à s'entraîner réciproquement pour décrire une orbite, comme la terre entraîne la lune autour d'elle; de là ces petites perturbations entre planètes voisines dont la marche est altérée périodiquement.

Quand nous considérons combien est faible l'action de la pesanteur, *malgré le voisinage immédiat du globe*, sur un mobile, s'il est animé d'une grande vitesse : un boulet de canon, par exemple, qui se maintient longtemps sans dévier de sa route à la surface du sol, et quand nous réfléchissons à la rapidité avec laquelle se meuvent les énormes masses planétaires, au pouvoir incalculable de leur vitesse acquise, à l'immense éloignement qui les sépare et au peu de temps qu'elles sont en présence, nous devons être convaincus que la force attractive ne suffit pas pour donner l'explication du phénomène.

Nous en serons entièrement persuadés en considérant les satellites, qui, en somme, peuvent être comparés à de petites planètes. Sont-ils sollicités vers le centre attirant de manière à tomber sur lui ? non, ils sont entraînés, et tournent autour de ce centre avec une vitesse prodigieuse. Or, si une planète agit ainsi à l'égard de ses satellites, au moyen de ses fluides, elle ne peut exercer une action différente sur les autres globes du système solaire. Les planètes cherchent donc à s'entraîner mutuellement, à décrire une orbite l'une autour de l'autre ; mais l'éloignement et la vitesse acquise sous l'impulsion du calorique transmis par le soleil, ne leur permettent pas de céder à la tendance qui les sollicite, et les perturbations sont très-faibles. A l'action succède toujours une réaction proportionnelle.

CONCLUSION

Réfutation de l'ancienne théorie basée sur une impulsion primitive.

Le lecteur aura compris, nous n'en doutons pas, toute l'importance des faits décrits dans cet ouvrage. La gravitation est due à deux facteurs qui se combattent sans cesse : 1° l'attraction universelle ; 2° le calorique et l'électricité.

Quelle que soit la manière d'agir de l'électricité dynamique dont les phénomènes sont très-variés, nous devons être intimement persuadés que ses lois sont indispensables à la translation des astres. Si le lecteur en doutait, malgré toutes les preuves que nous lui avons données de la présence de cet agent, nous sommes convaincu qu'il ne conservera plus la moindre hésitation, quand il aura lu la réfutation suivante de l'ancienne théorie, basée sur une impulsion primitive.

Réfutation de la théorie basée sur une impulsion primitive.

La théorie admise en astronomie attribue la force centrifuge dont sont animés les astres à une impulsion transmise à l'origine des temps.

La force centrifuge existe, il est vrai : elle n'est pas due à une impulsion initiale, mais bien à une action motrice constamment exercée par le globe central sur l'astre qui gravite, de même que la force centrifuge, imprimée à la balle retenue par un fil, provient de la main qui agite ce fil ; si la main reste en repos, aussitôt cesse le mouvement de la balle. Pareille chose arriverait à la planète qui, s'arrêtant, ne pourrait échapper à une chute immédiate, si la force motrice qui l'influence venait à manquer, la planète éprouvant en réalité, malgré l'absence d'un milieu résistant, un frottement dû à la pesanteur.

Un train de chemin de fer roulant sur les rails se ralentit, puis s'arrête aussitôt que la vapeur fait défaut. Pourquoi ? C'est par suite de l'énorme frottement causé par l'attraction du globe. Tout objet en mouvement qui ne s'appuie pas sur le sol, éprouve néanmoins le même effet, et tombe. Une pierre lancée, un boulet de canon ou un astre, sont dans des conditions identiques ; ce sont des corps en mouvement sur lesquels agit l'attraction. A quoi attribue-t-on la chute de la pierre ou du boulet ? A la résistance de l'air ? Un peu sans doute ; mais cette résistance est bien faible à côté de l'action attractive, et si la terre ne possédait pas d'atmosphère, la pierre et le boulet n'en tomberaient pas moins, après un intervalle de temps un peu plus long, il est vrai, mais il ne viendra à l'idée de personne qu'ils pourraient circuler éternellement autour du globe, en vertu de leur impulsion initiale. Or, ce que ne peuvent accomplir ces mobiles, pourquoi un astre le ferait-il, puisqu'il est soumis aussi à la loi d'attraction ? Il est donc inutile d'alléguer ici l'absence d'un milieu résistant, assertion qui ne s'accorde pas du reste avec l'hypothèse très-fondée d'un fluide éthéré, extrêmement ténu, mais dont la résistance à la longue devrait se faire sentir sur la marche des astres, si elle n'était due qu'à une impulsion primitive ; mais nous n'attachons aucune importance à l'action de l'éther, puisque la pesanteur suffirait pour amener la chute d'une planète qui ne serait pas soutenue par une force motrice réelle.

Ces simples réflexions faites, passons à l'examen de la théorie.

On explique la courbe décrite autour du centre d'attraction par une décomposition du mouvement suivant la loi du parallélogramme des forces, comme dans la figure 7.

Étant donnée une planète P, laquelle suit dans l'espace une ligne droite de A en C, on prétend

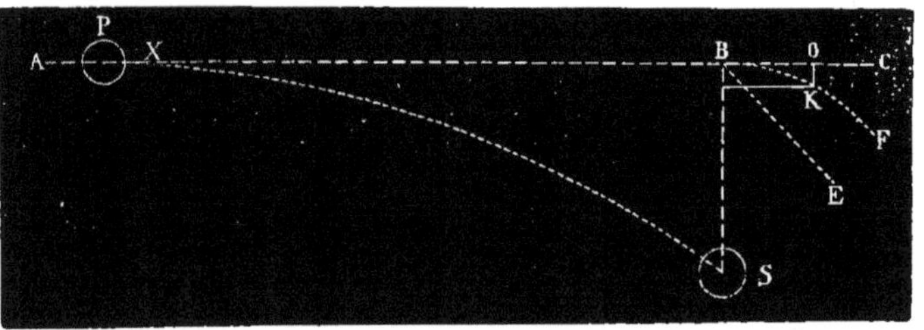

Figure 7.

démontrer que passant en B à proximité d'un astre S, la planète, sous l'attraction de celui-ci, dévie d'après la loi du parallélogramme des forces, et prend une nouvelle direction qui se modifie continuellement, de manière à amener la gravitation autour de S.

Or, le problème repose sur de fausses données, car de deux choses l'une :

Ou les deux forces ne sont pas égales, et la planète, animée d'une impulsion trop vive, continuera sa route sans dévier, comme le boulet de canon se maintient sans tomber à quelques pieds du sol pendant un temps considérable, ou comme la pierre lancée verticalement par le bras s'écarte de la terre, parce que sa force de projection est supérieure à l'action de la pesanteur.

Ou les deux forces sont égales, et la planète obéira à l'appel de S, mais alors elle suivra la diagonale entre les deux forces, soit B E, et non la direction B F, sur laquelle on se base pour établir les calculs. Si l'on prend la trajectoire B F, cette ligne n'est pas la véritable diagonale, et par le fait on admet deux puissances inégales, la force B O étant plus grande que la force O K. Comme nous l'avons dit, il serait alors impossible à la planète de graviter autour de S, puisque sa puissance d'impulsion serait supérieure à celle d'attraction.

Voici donc une première erreur. La seconde fausse donnée provient de ce que la planète soumise à deux forces égales, doit obéir à l'attraction de S, non au point B comme on le dit, mais bien auparavant, ainsi que le veut la logique et que l'exige la loi du parallélogramme des forces. (Voir figure 7.)

En effet, ce n'est pas en B, que l'attraction entre

les deux astres commencera à se faire sentir, mais aussitôt que la planète lancée dans l'espace, suivant une ligne droite A C, sentira l'appel du centre attirant, soit au point X ; obéissant alors à la loi du parallélogramme, elle dévie à partir de X, insensiblement d'abord, puis plus vivement, à mesure que se rapprochant du point d'attraction, la puissance devient plus intense. Le terme de sa course ne peut être qu'une chute sur S.

Prétendre, comme le fait la théorie, que la planète dévie seulement en B, c'est supposer, en dépit des lois mécaniques, que l'attraction est nulle de A en B, et agit uniquement de B en C ; l'assertion n'est pas soutenable.

Voici l'artifice qu'on a dû employer pour établir les calculs de la gravitation par un facteur unique. Après avoir supposé l'astre lancé de A en C, et pris pour diagonale, *non la direction voulue*, mais la trajectoire elle-même de la planète, ce qui est une grave erreur, on a été contraint de faire tourner la ligne de projection en même temps que l'astre, de manière que celui-ci aurait été lancé successivement de A en C, puis de A′ en C′, A″ en C″, etc., partant de tous les points de l'espace l'un après l'autre.

Mais cette manière de faire tourner la ligne de

projection est arbitraire et n'est pas conforme à la vérité, puisque le départ s'est fait en A et non en A', A'', etc. En somme, on a été obligé pour établir les calculs, de confondre point pour point la trajectoire avec la ligne de projection; or, si les deux lignes se confondent en une seule, l'une se trouve supprimée, et il ne reste plus que l'attraction. Rien ne s'oppose à la chute.

L'impossibilité de la théorie par impulsion initiale est donc manifeste; elle ne peut supporter l'examen, et il est à espérer que les astronomes se décideront un jour à éliminer de la science une erreur aussi grave qui a dû déjà frapper leur attention. L'attraction universelle ne trône pas au sommet de l'astronomie, comme on l'avait supposé; son rôle est plus modeste et se borne à ramener au point de départ un astre, quand la force immense qui l'avait projeté au loin dans l'espace est épuisée. A l'action succède une réaction proportionnelle dont l'alternance forme la base des lois de Képler, et explique l'intensité de la pesanteur en raison inverse du carré des distances. Tous les corps qui se meuvent dans les cieux : planètes, comètes ou satellites obéissent à ces lois, c'est-à-dire qu'ils restituent, dans leur chute accélérée, la force de projection qui leur avait été communiquée par le calorique ou l'électricité, à un moment donné (*).

Le calorique est la source propre du mouvement, et transmet une force vive ou impulsion de marche aux planètes qui circulent autour du centre d'attraction, soutenues par une puissance centrifuge considérable.

La distance du soleil est déterminée par le point de liquéfaction ou degré de saturation nécessaire à la planète. Quand l'état normal ou équilibre se dérange dans un sens ou dans l'autre, c'est-à-dire quand l'astre est trop ou pas assez saturé, il s'éloigne ou se rapproche du globe lumineux; mais le calorique agissant en raison inverse du carré des distances, le mouvement de translation s'accélère par le rapprochement et se ralentit par l'éloignement.

Ainsi la gravitatiou nous offre le spectacle d'un état d'équilibre : distance moyenne de la planète et d'une oscillation continuelle de part et d'autre de ce point normal, selon le plus ou le moins de chaleur intrinsèque, chaleur qui représente la force vive réelle transmise par le soleil aux astres qui

(*) La force transmise à une planète par le calorique est incomparablement supérieure à celle qui est imprimée à un satellite par l'électricité, comme nous le prouve l'éloignement du point d'attraction, très-grand pour les planètes, et bien plus faible pour les satellites.

sont sous sa dépendance. Les lois de Képler sont donc la conséquence du jeu de bascule, c'est-à-dire que si l'une des deux forces produites par le dérangement de l'équilibre augmente, l'autre augmente proportionnellement, mais dans le sens contraire, et donne des résultats entièrement opposés.

La vitesse dite angulaire, variable selon les différentes positions de la planète dans son orbite, est l'effet du jeu de bascule ou dérangement de l'équilibre, et non la cause de la gravitation, comme le dit la théorie astronomique, qui se met en contradiction avec les lois de la mécanique.

L'électricité, par ses deux fluides contraires, n'est évidemment elle-même qu'un dérangement d'équilibre dans la matière, c'est-à-dire que, plus cet équilibre se dérange, plus les fluides acquièrent de puissance; mais les deux forces opposées qui ont surgi s'annulent réciproquement quand elles sont réunies, car elles reconstituent l'état normal ou électricité neutre.

Il existe ainsi un rapport frappant et très-remarquable entre la saturation électrique de la matière et la saturation calorifique d'une planète, *en plus* ou *en moins* de la quantité normale, ou point de liquéfaction.

Il existe, en outre, une liaison extraordinaire

entre le calorique et l'électricité, qui se développe chaque fois que la chaleur pénètre inégalement dans la matière et dérange l'équilibre normal des molécules (*).

Nous ne terminerons pas cet ouvrage sans réclamer l'indulgence des astronomes. Bien que leur amour-propre ne soit pas en jeu dans la question, puisque les lois réelles de la gravitation étaient trop voilées pour être soupçonnées, et qu'on a dû l'expliquer comme on a pu, cependant nous comprenons parfaitement qu'attaquer ouvertement la théorie astronomique est, précisément à cause de ses erreurs, une entreprise hardie de notre part, et probablement offrant peu d'espoir de réussite, eu égard à la faible autorité que nous donne notre infime personnalité inconnue dans le monde scientifique. Fallait-il à cause de cela garder le silence quand la vérité est là éclatante sous nos yeux? Fal-

(*) Les fluides terrestres sont dus à une pénétration inégale du calorique à travers deux éléments hétérogènes. Si ces deux éléments étaient également répartis à la surface de la planète, les fluides, grâce à la rotation diurne, auraient leurs pôles magnétiques placés sur les pôles mêmes de l'axe; mais il n'en est pas ainsi: les mers et les terres, irrégulièrement distribuées, exercent leur influence et dérangent cette position des pôles magnétiques qui en prennent une autre déterminée, non-seulement par le rassemblement des mers plus marqué vers le sud, mais aussi par la distribution des deux grands continents de chaque côté de la planète.

lait-il ne pas faire connaître les lois merveilleuses dont la conquête nous a présenté tant de difficultés et coûté tant de méditations incessantes ? Nous en appelons au jugement du lecteur. Que notre entreprise faite dans l'intérêt de la science, aboutisse cependant à un résultat négatif, que le fruit de nos travaux soit accueilli avec dédain ou indifférence par les partisans de l'ancien système, nous n'en serons nullement étonné, et même nous nous y attendons, car il faut faire la part des faiblesses de la nature humaine ; on n'aime pas généralement avouer qu'on a pu se tromper. Néanmoins nous publions les lois de la gravitation, telles que nous les avons découvertes et comprises, quoique peut-être imparfaitement. Si notre faible voix parvient à attirer l'attention de quelques savants sur ces phénomènes électro-magnétiques écrits dans les cieux en caractères étincelants, cela suffit. Une fois l'attention éveillée, la vérité saura bien se faire jour elle-même tôt ou tard. La science n'a, en somme, aucun intérêt à conserver religieusement une erreur manifeste. Quel profit en résulterait pour elle et l'humanité ? Mais si elle est dédaignée dans le présent, la théorie des fluides a pour elle l'avenir, car elle est l'expression de la vérité, et la vérité finit toujours par triompher des obstacles élevés contre elle.

TABLE DES MATIÈRES

PREMIÈRE PARTIE.

Action du calorique. — Gravitation des planètes.

DEUXIÈME PARTIE.

Théorie des fluides. — Gravitation des satellites.

CONCLUSION.

Paris. — Imp. E. Capiomont et V. Renault, rue des Poitevins, 6.

BIBLIOTHEQUE NATIONALE DE FRANCE
3 7531 04113826 5

www.ingramcontent.com/pod-product-compliance
Ingram Content Group UK Ltd.
Pitfield, Milton Keynes, MK11 3LW, UK
UKHW020253250726
13967UKWH00004B/1652

9 782011 929693